腕上迷津：精准的奢华

吕芳 孙佳辉 编著

中国社会科学出版社

图书在版编目（CIP）数据

腕上迷津：精准的奢华 / 吕芳、孙佳辉编著. —北京：中国社会科学出版社，2011.12

ISBN 978-7-5004-9964-0

Ⅰ.①腕… Ⅱ.①吕… ②孙… Ⅲ.①手表 - 介绍 - 世界 Ⅳ.①TH714.52

中国版本图书馆 CIP 数据核字（2011）第 143295 号

出版策划	任　明
责任编辑	孔继萍
责任校对	韩天炜
封面设计	泉子工作室
技术编辑	李　建

出版发行	中国社会科学出版社		
社　　址	北京鼓楼西大街甲 158 号	邮　编	100720
电　　话	010—84029450(邮购)		
网　　址	http://www.csspw.cn		
经　　销	新华书店		
印　　刷	北京君升印刷有限公司	装　订	广增装订厂
版　　次	2011 年 12 月第 1 版	印　次	2011 年 12 月第 1 次印刷
开　　本	710×1000　1/16		
印　　张	18.5	插　页	2
字　　数	303 千字		
定　　价	60.00 元		

凡购买中国社会科学出版社图书，如有质量问题请与本社发行部联系调换

版权所有侵权必究

序

在众多奢侈品中，手表无疑是最光芒耀眼的，尤其是对男人而言。只有当财富积累到一定程度的时候，人们才会开始对于手表这个奢侈玩物进行热烈的追求。很多玩家，对于手表的痴迷程度堪称惊叹，或者可以说，他们已经不仅仅被称为单纯的玩家，而我们更多地似乎应该把他们归类为"藏家"。所有这些，都源于手表本身散发的魅力，以及手表的功能性、鉴赏性、娱乐性、美观性以及绝无仅有的收藏价值。

1088年，北宋宰相苏颂主持建造了一台水运仪象台，每天仅有一秒的误差。而且，它有擒纵器，正是擒纵器工作时能发出嘀嗒嘀嗒的声音。这就是钟表与计时器的区别。从这里开始，手表也就开始了真正的发展历程。

今天，在这本关于手表的故事中，我们可以看到很多被人熟知的手表背后的故事。他们的出身来历，他们不凡的艺术背景，他们坎坷曲折的非凡经历等等。每一只手表背后，都隐藏着创始人、制表匠等的无数心血。在400多年手表的历史中，制表大师创造了无数奇迹。即使他们没有显赫的出身，但他们仍然举世无双。那么，就让我们走进手表的世界，一探究竟。

目录

朗格（A. LANGE & SÖHNE）：一个伟大时代的诞生 /002
德国历史上最优秀的品牌之一，有近百余年的发展历史。现代机芯的艺术化的复兴者，并具有非常好的拍卖行情。

爱彼（Audemars Piguet）：皇家橡树的传奇故事 /022
享誉百年的爱彼表，历经家族四代人的努力取得骄人的成绩，深受钟表鉴赏家以及收藏家的推崇，成为世界十大名表之一。

宝珀（Blancpain）：传统契约 /050
从未生产过石英表的宝珀，是目前世界上最复杂、功能最多的全手工机械表。其卓绝的技术，精良的做工一直是爱表者的挚爱。

宝玑（Breguet）：难以忘怀的记号 /072
宝玑多年来一直是瑞士钟表最重要的代名词。宝玑的避震装置、一望而知的宝玑记号都使其成为具有典型身份特征的尊贵手表。

宝齐莱（Carl F.Bucherer）：琉森之宝 /098
1888年，卡尔·宝齐莱与他的妻子路易斯共同开创了宝齐莱的先河。百余年来，宝齐莱秉持传统制表的优良传统，以专业的制造能力与巧夺天工的珠宝镶嵌工艺，打造了无数经典腕表。

法兰克·穆勒（Franck Muller）：低调的奢华 /122
法兰克·穆勒的显著特征为酒桶形的外形及装饰艺术表面设计，其后，随着不断演变，法兰克·穆勒将重心放到机械功能上，并不断追求大胆创新。

芝柏表（Girard Perregaux）：桑迪坊的伟大旗帜 /142
芝柏自创始以来已取得多项骄人成绩，包括传统机芯、三金夹板陀飞轮、打簧装置，而芝柏的丰富技术经验对这些成绩的取得起了至关重要的作用。

格拉苏蒂（Glashütte）：钟表重镇的浴火重生 /164

格拉苏蒂的制表工艺所秉持的传统一向就是自行研制机芯，而这一点在目前竞争激烈的制表业是一项绝对的优势，而它的倒数计时性能更是近年来难得一见、令人惊喜的创新腕表性能。

帕玛强尼（Parmigiani）：短暂却惊人的历史 /184

简约的风格、经典的样式、优良的做工，是帕玛强尼的品牌特点。而擅长修复古董钟表，是帕玛强尼的另一特质，在修复工作中，我们能看到它的严谨与执著。

百达翡丽（Patek Philippe）：绝对印记 /202

在追求卓越性能的同时，百达翡丽向严肃的技术氛围中注入了柔软的情感元素，赋予其欣赏、尊重、启迪与自豪的情愫。

伯爵（Piaget）：一座里程碑的开启 /230

显赫的伯爵，除了独创首屈一指的机械运转装置外，伯爵的所有表壳及表镯都必定用18K金或白金铸造，而表面的设计装饰更是多姿多彩，大多采用如珍珠母、玛瑙等名贵宝石镶嵌而成。

罗杰·杜彼（Roger Dubuis）：年轻的成长 /250

年轻的罗杰·杜彼擅长研究复杂机芯，并屡屡成功。同时，罗杰·杜彼成功自制摆轮、游丝等擒纵零件，从容驾驭腕表制作的所有工序，更晋升为独立经营正宗制表厂之列。

雅典（Ulysse Nardin）：航海家的故事 /274

瑞士著名手表生产商雅典公司成立于1846年，是当今世界顶级精密机械手表制造商之一。雅典表业已成为高雅、品质和创新的代名词。尽管"纯手工制作"依然是雅典表最大的卖点，但是数字化的三维设计工具正让雅典表历久弥新。

朗格（A. LANGE & SÖHNE）：一个伟大时代的诞生

> 导语：一个品牌最大的成就莫过于影响一代人，成为一代人的带领者，引导大家走进一个全新的时代。或许，我们可以说，朗格的诞生正深深影响了一代人，同时更敦促了一个伟大时代的诞生。

萨克森的光辉历史

朗格的故乡萨克森不仅因其发明家与技术人员而闻名，其标志性建筑与华丽的艺术典藏亦堪称绝美。

萨克森选帝侯奥古斯特一世（Frederick Augustus I），人称"强者"奥古斯特，他对推广科学、工艺、艺术与建筑不遗余力，在其领导之下，萨克森的宏伟基础日渐成形。因为他的主导与赞助，萨克森逐渐崛起为欧洲文化

1845年，朗格成立之初的德累斯顿（Dresden）

朗格(A.LANGE & SÖHNE)：一个伟大时代的诞生

1845年，年仅30岁的费尔迪南多·阿道夫·朗格创立了他的首间制表工作坊

历史悠久的老教堂

重镇之一，首都德累斯顿也因而被誉为"北方佛罗伦萨"，他可谓是脍炙人口的萨克森辉煌时代的推手。"强者"奥古斯特一世与其先祖一样，对科学测量仪器有着浓厚的兴趣，尤其对时钟更甚。这类精密装置需要无微不至的照护，因此交给萨克森宫廷钟表师负责。两代宫廷钟表师的传承为朗格制表王朝的建立拉

1845年，费尔迪南多·阿道夫·朗格在格拉苏蒂的第一个工作坊

开序幕。

萨克森宫廷钟表师不仅赢得了社会的高度敬重,也享有许多特权。工作时,他们住在德累斯顿皇宫中的钟楼地区,因为除了计时仪器系列之外,他们也负责管理钟楼的时钟。

宫廷钟表师也与数学、物理沙龙的教官合作,这里的教官在18世纪晚期开创了德累斯顿茨温格的计时服务。他们每天在这里使用子午仪来测量太阳的位置以确认当地的准确时间,然后,让钟楼的时钟以及火车站的时钟同步。

1842年,约翰·克里斯迪昂·古特凯斯被任命为皇宫钟表师。当时他已因在其天文钟工作坊制作极名贵而精密的天文台怀表,在萨克森与其他地区中

早期的朗格工作坊

朗格(A.LANGE & SÖHNE)：一个伟大时代的诞生

享有盛名。他也为森帕歌剧院制造举世闻名的五分钟数字钟，不久之后便获提名为宫廷钟表师。

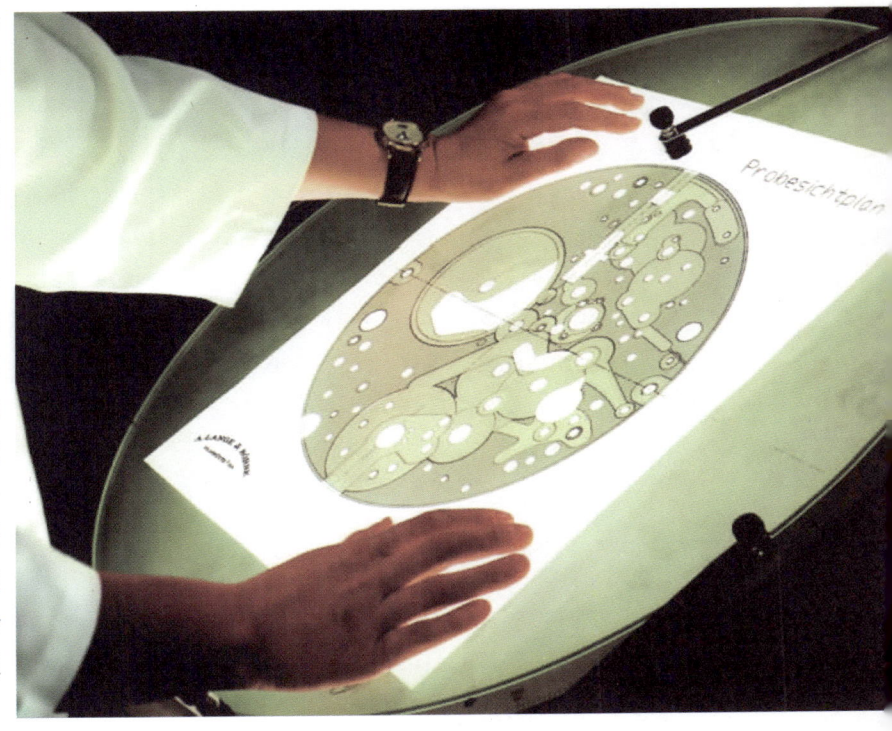

古特凯斯认为能制作出这样卓尔不凡的仪器，都要归功于完善的制表知识。这些知识透过宫廷钟表师一代一代地流传下去。而费尔迪南多·阿道夫·朗格能让古特凯斯选作学徒可说是无上的光荣。

工作人员正在放映机上仔细考量

1845年——踏入新时代

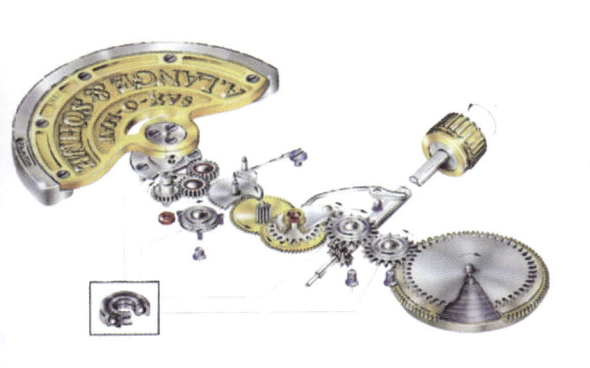

机芯图

于1845年前，年仅30岁的费尔迪南多·阿道夫·朗格创立了他的首间制表工作坊。招收了15名学徒的工作坊，对他来说绝不仅是一门生意，更是一项教育计划。工作坊坐落之处是一个位于厄尔士山区东面、资源匮乏、连基础建设都没有的遥远地区。12月7日是一个重要的日子，这是朗格为德国制表工业奠定万世基业的一天。

在格拉苏蒂创立德国精密制表工业而声名大噪的费尔迪南多·阿道夫·朗格，1815年2月18日出生于德累斯顿，年轻时以学徒身份跟随曾经负责德累斯顿皇室塔钟制作与维护的著名钟表匠约翰·克里斯蒂昂·古特凯斯，那段时间，他也在工艺学校上课，并利用数不清的夜晚自修英文与法文。1837年，阿道夫·朗格结束学徒身份，口袋里装着师傅古特凯斯的推荐信，只身前往巴黎，并顺利受雇于著名的钟表匠约瑟夫·冯德士·永尼尔。四年后，即使已晋升为钟表厂管理员，但阿道夫·朗格还是毅然选择离开，前往英格兰与瑞士修习更多的钟表技艺。那段时间，他在旅行工作簿上所绘制的机芯图与零件细节，例如以数理来研讨齿轮与小齿轮的比例，已成为今日相当著名的文献资料。而这本如同钟表"大宪章"的书籍，更成为其曾孙瓦尔特·朗格（Walter Lange）于1990年发展新事业不可或缺的继承依据。费尔迪南多·阿道夫·朗格与著名作曲家瓦格纳、舒曼、肖邦，诗人海涅，画家弗里德里希等同属罗曼谛克时期。1840年，弗里德里希于德累斯顿离世，碰巧是费尔迪南多·阿道夫·朗格的钟表艺术之旅的最后一年，旅行期间他曾到访伦敦、巴黎及瑞士等与钟表界关系密切的地方，跟多位鼎鼎大名的钟表大师交流心得，为他的制表生涯奠定了重要基础。

阿道夫·朗格回到德累斯顿后，又重新受雇于古特凯斯。1842年，阿道夫·朗格娶了古特凯斯的女儿安东妮娅，并成为自己岳父事业的合伙人。在德累斯顿生活了4年。他原本可步其岳父的后尘，成为皇家萨克森宫廷钟表师，继续在萨克森首府过奢华的生活，但费尔迪南多·阿道夫·朗格高瞻远瞩。从游历中得到启发，并将计划付诸实施。为了改善厄尔士

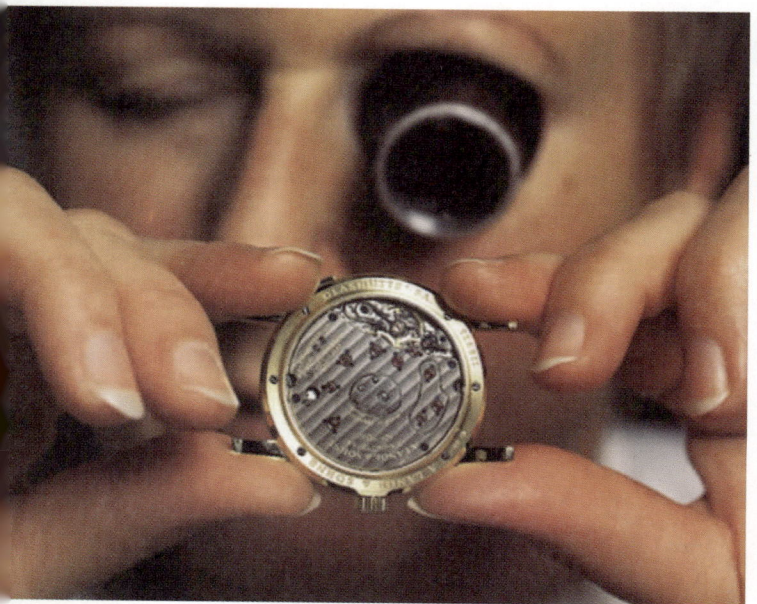

对于机芯最后的检测

朗格(A.LANGE & SÖHNE):一个伟大时代的诞生

朗格表创始人的曾孙瓦尔特·朗格先生

山区居民普遍存在的贫困现象,他于1843年展开一连串计划,利用书信与请愿书,以及与萨克森州政府部门的协商,成功游说在格拉苏蒂成立一间钟表工厂。这个贫困的地方,曾经以产银著名,但随着银矿被开采殆尽,这个小镇也逐渐被遗忘,对世人来说,它不过是个泥泞难行,每周只有一班邮车会去收送信件的偏僻地方。但是朗格选择在此地设立了第一家工作坊来指导弟子如何生产钟表、改良机械,教授当地的年轻人制表技术,以制作更为精准、更具统一规格的钟表零件为目标。为他们的前程打好根基。经过漫长的两年,他终于取得7820塔勒(为旧德国货币)补助贷款。

随着社会工业化的发展,德累斯顿步入繁华的新时代。但在这个繁华的

朗格 2010 年最新力作

　　首府以南数公里的地方并没有受到浪漫主义和昌盛气息的影响。在 19 世纪中叶，格拉苏蒂小镇遭逢经济萧条，全镇约 1000 人生活贫困，食不果腹。由于曾是小镇经济命脉的银矿已遭发掘殆尽，格拉苏蒂周边地区皆受到贫困危机。

　　但费尔迪南多·阿道夫·朗格有着其他考虑。他认为创造新的东西需要有意志和远见，他在格拉苏蒂创立了制表工厂。

　　当他所设立的工厂成功运作之后，许多专业的珠宝、螺丝、齿轮、游丝、

朗格(A.LANGE & SÖHNE)：一个伟大时代的诞生

平衡摆轮或指针的制造工厂，如雨后春笋般地在格拉苏蒂一带成立。此外，在担任格拉苏蒂镇长期间，他对当地的公共设施也做了相当大的建设与改善。1878年，与朗格在学术上的朋友莫里茨·哥士曼成立了钟表学校，这所学校成为德国钟表业的推进器，对有心成为钟表匠的人提供了实务与理论上的训练，格拉苏蒂从此可以自给自足，不再需要仰赖法国与瑞士提供钟表人才。

1875年12月3日，阿道夫·朗格突然去世，享年60岁，他留给后世的不只是一个庞大的事业与许多国际著名的奖项，还提供了格拉苏蒂当地一个健全的经济体系。这个小镇建造了一座纪念碑，对他的丰功伟绩致敬。他的贡献包括：第一个以数理概念为基础而设计生产的3/4夹板，特殊擒纵机构，补偿螺丝摆轮，以及鹅颈式微调等，现今这些装置都代表着顶级钟表的制作精髓。因此，朗格制作的顶级复杂表，都在当今的拍卖会中创下空前的拍卖价格。而这些腕表的心脏一直被良好地收藏着，诉说着一个人对钟表的无限热情。这不仅于钟表历史上具有史诗般的地位，对其家乡萨克森州也具有相同意义。

朗格表厂

在19世纪中叶朗格一跃成为世界上最重要的制表中心之一，并与瑞士的制表品牌齐名。

朗格的两个儿子理查德（Richard）和艾米（Emil）天赋极高，到了朗格曾孙的那一代，朗格一直以来所憧憬的美梦终于成真。朗格在全球声名大噪。

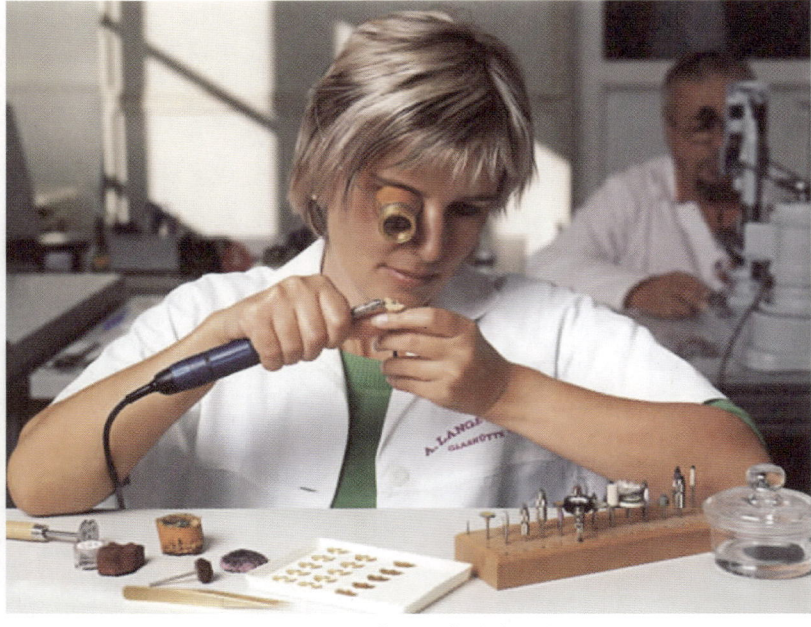

腕上迷津——精准的奢华
RIGHT TIME:EXACT LUXURIES

镌刻平衡装置

制表匠正在认真工作

数字时钟

此外，朗格亦以改革先驱的身份享誉全球。他将公制系统应用于制表工业上，令设计机芯部件更方便，更研制了脚踏车床，令部件制作更加精准。朗格及其后人创作出超过30种专利技术。

重返舞台

朗格腕表已晋身世界上最有名望与广受欢迎的定时器之一。1951年，格拉苏蒂的制表公司全部被收归国有。曾经装饰在许多腕表面盘上的骄傲名称也因此逐渐被遗忘，朗格的光

朗格(A.LANGE & SÖHNE)：一个伟大时代的诞生

朗格的多元化

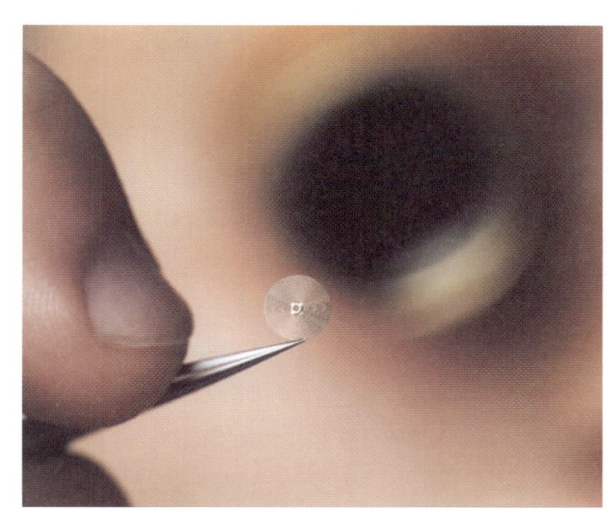

每一枚细微的零件,都有可能决定整个腕表的精准性

芒也因而陨落，成为表坛的传奇故事。一直到东西德统一之后，瓦尔特·朗格才有机会重振朗格家族的伟大传统。瓦尔特生于1924年7月29日，在第二次世界大战爆发之前不久便开始接受制表师的训练。和所有年轻人一样，他也奉召入伍。在严重受伤之后重返家乡，不过很快他就亲眼目睹父辈一手建立的表厂因空袭而损毁，接着家族企业也被充公，他则趁乱逃

腕上迷津——精准的奢华
RIGHT TIME:EXACT LUXURIES

双分离装置

玫瑰金表扣

先进的制表工艺

离到西方国家，躲过在铀矿厂接受强迫劳役的命运。

瓦尔特·朗格在工厂被征收之后迁居到普福尔茨海姆（Pfozheim），1990年东西德统一后，他从家族所遗留的庞大资产中，看到了一个全新的契机。他频繁地造访其故乡萨克森州，1989年秋天，东西德之间的柏林墙倒塌，他也立刻回到格拉苏蒂。在社会主义者统治的德意志民主共和国崩解之后，他故乡的人民面对的是不确定的未来。这种情况促使瓦尔特·朗格给予他们一个崭新的前景。1990年12月7日，在其曾祖父以先驱者的精神创办朗格的145年后，他第二次创办了朗

朗格(A.LANGE & SÖHNE)：一个伟大时代的诞生

德累斯顿全景图

格公司。他先聘用少量员工，立刻着手研发与制造新时代朗格的第一款腕表。直到四年后，他才推出第一批腕表：朗格1（LANGE 1）、萨克森（SAXONIA）、陀飞轮（TOURBILLON）、蓝马克斯勋章（POUR LE MRITE）以及拱廊（ARKADE）。由于新表的成功，格拉苏蒂很快就有了全新的工作机会，逐渐发展成为德国精密制表的中心，并为今天拥有35个自主研发机芯的产品系列奠定了基石。

　　刚开始瓦尔特·朗格试图透过路易·威登集团的庇佑，以寻求财政方面的稳定性。2000年夏天，旗下拥有世界许多知名顶级钟表品牌的瑞士历峰集团并购了路易·威登。除了朗格之外，历峰集团其他品牌尚包括万国表、积家、名士、伯爵、江诗丹顿、沛纳海等。身处于品牌竞争如此激烈的庞大集团中，朗格不仅无惧对手的激烈竞争，更将消费市场锁定在金字塔顶端的客户。于1990年，朗格创始人费尔迪南多·阿道夫·朗格的曾孙瓦尔特·朗格怀有复兴家族遗产的志愿，成立了朗格腕表有限公司（Lange Uhren GmbH）。当时，格拉苏蒂一些极具天分的钟表制造家创造出的独特腕表，与著名的瑞士腕表相比也毫不逊色。朗格的品牌不只反映神话般的历史，更引人注意的是，朗格以近乎失传的钟表技术作为品牌特色，将费尔迪南多·阿道夫·朗格的创作精神永传于世。今日，就像以往的丰功伟绩，其腕表又坐落于厄尔士山区的传统工厂，以极为精巧的工艺制作而成，并成为世人梦寐以求的顶级品牌，朗格如不死鸟般，在灰烬中浴火重生。

LANGE ZEITWERK 献给小朋友的腕表

2010年，也是费尔迪南多·阿道夫·朗格创下辉煌成就的165年后，朗格以卓越的制表工艺、创新技术和鲜明设计的不朽传说在表坛重新大放异彩，使德国制表历史得以完美延续。未来，朗格仍会怀抱先人的创新意念，继续坚持制作出完美精准的机械腕表。

重现阿道夫·朗格的制表理念

今日，朗格腕表有限公司拥有超过520名员工，为朗格腕表制作完美机芯，并以一种艺术创作的方式投入生产之列，朗格更是目前少数拥有自制机芯能力的腕表品牌。

因为采用耗时费力的技术去完成每一枚腕表，所以朗格的表款系列并不多，每年工厂的生产量只有数千枚而已。在全球精挑细选的销售网络目前共

朗格(A.LANGE & SÖHNE)：一个伟大时代的诞生

有 150 家经销商，211 个经销点，其中包括 3 家朗格专卖店。

目前，新一代的朗格腕表质感细腻且低调内敛，具有古典的优雅特质与和谐的设计，整个系列腕表包含 28 种不同机芯，相当容易辨认，而且每一枚腕表所展现的精神，皆精准无误地体现出朗格的纯正血统。

其中，旗舰系列朗格 1 号不只在外形上成为顶级钟表的全新典范，在技术上更是如此。1994 年 10 月首度亮相时，其独特的偏心式面盘设计，以手工精心镌刻的自制机芯便令钟表界惊艳不已。朗格 1 号腕表就如同持着火炬的宣示者，向世人宣告令人引以为傲的朗格品牌卷土重来和体现值得推崇与敬重的伟大朗格传统。

当朗格 1 号初次露面时，朗格著名的大日历窗口也首次亮相，它比一般传统的装置大了约 4 倍，唤起了世人对朗格·古特凯斯的怀念。令人回想起约翰·克里斯蒂昂·古特凯斯于 1814 年在德累斯顿为森帕歌剧院所制作的 5 分钟数字钟。

新一代朗格腕表的设计与优良质感，反映了它们所继承的

朗格机芯演示图例

高科技的现代技术应用于古老的钟表行业

腕上迷津——精准的奢华
RIGHT TIME:EXACT LUXURIES

伟大钟表资产。其创作灵感来自钟表历史上著名的朗格怀表，包括未经处理的德国银精制而成的格拉苏蒂 3/4 夹板、手工雕花摆轮桥板、蓝钢螺丝与 K 金套筒，并运用抗磨损的红宝石轴承以固定齿轮运转传动的稳定。

质量独特与革新

每一枚朗格腕表都配置有特别的机芯，在袖珍的表壳内使用了数千枚零件，几乎所有的机芯零件都在工厂内自制完成，就连装饰过程所需的工具与配件也都在厂内自行制造。夹板、桥板、杠杆、游丝、齿轮与小齿轮等，所有零件均由朗格的制表大师用人手不辞劳苦地精制而成，之后再以艺术创作般的工序进行抛光打磨，就算是隐藏在机芯内的零件也不放过。每一枚腕表的摆轮桥板亦以手工雕刻，让每一枚腕表

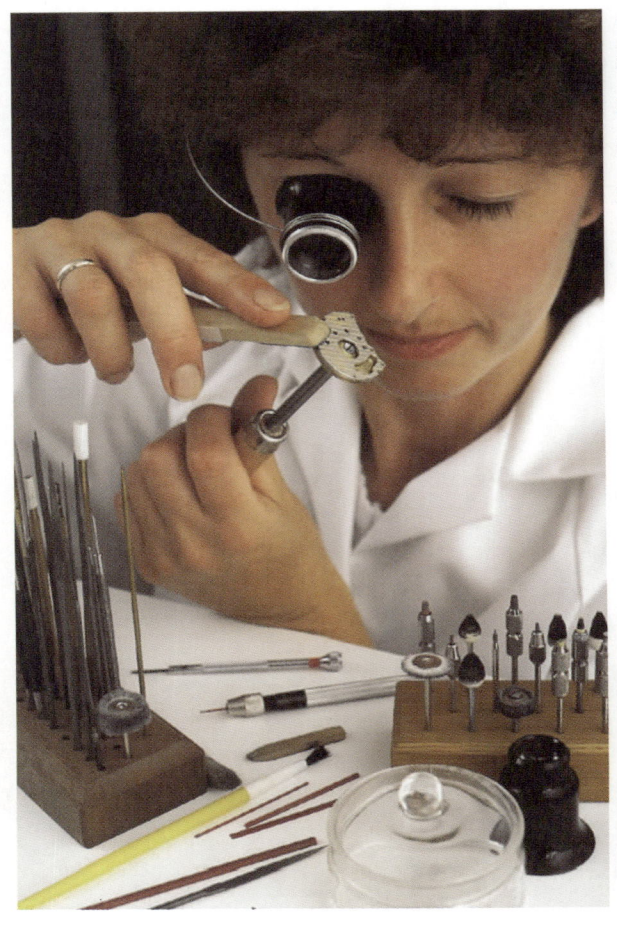

制表匠精密考量 3/4 表盘

成为独一无二的珍品。所有的机芯均经过二次组装。第一次组装完成后，以五方位调校测试，然后再重新拆开，再次清洁每个零件，确保零件没有经过人手的触摸，最后再以真正的蓝钢螺丝完成组装过程，成就一枚完美的机芯。在腕表离厂之前，更需经过好几个星期的精准度测试。

朗格的钟表制作大师采用了先进的科技工艺，以创造别树一格、质量优良的腕表为理念。为了贯彻这项理念，2003 年 10 月朗格正式落成启用了全新的科技品管中心，同时它也是朗格的第 5 个厂房。经历了长达 10 年的准

朗格(A.LANGE & SÖHNE)：一个伟大时代的诞生

备，创始人瓦尔特·朗格及君特·布朗蓝的梦想在新厂房启用之日终于成真。但令人惋惜的是，瓦尔特·朗格2001年却因病去世。早在1993年，这两位深具远见的人物已经提出自行研发制造腕表游丝及机芯的构想。从那一刻起，朗格的研制专家立即全心投入游丝的理论及开发生产。制造过程从绘制草图到将直径仅有0.05毫米的游丝施以碾压、盘绕、锻铸以及弯曲，每一个步骤皆以最高标准的工艺品质施作于游丝之上，以确保装置于每一枚朗格自制机芯的游丝都能发挥出最稳定的功用。2004年4月推出的双分离（DOUBLE SPLIT）就是第一枚采用自制游丝的腕表。

属于朗格的独特建筑

如此的理念亦完整地体现了朗格制表历史的精神。1930年，创始人费尔迪南多·阿道夫·朗格之子理查德·朗格鉴于当时腕表机芯内惯用的艾林瓦尔（Elinvar）式游丝，无论弹性或硬度都无法达到他的要求，于是便致力于新材质的开发。最后他发现在镍金属中加入铍有利于增加游丝的弹性与硬度，可补偿艾林瓦尔式游丝的不足，并凭借此项发明获得"游丝合金"的专利。

一间表厂的发展远景，取决于不断地发展创新以及足以成为传世经典的动力机芯，鉴于此，朗格对于制表师的培训注以大量心力，早在1878年，朗格即是德国制表学校最早的赞助者之一。1997年8月25日，朗格正式成立制表师培训学校，此举不单是为了确保品牌的永续发展，更承接起格拉苏蒂失落已久的历史传统。

传统精粹，出类拔萃

今天，朗格在公司重建19年后，成功重振品牌声威，成为国际精密制表界中最独特尊贵的品牌。作为一间拥有辉煌传统的成功年轻企业，朗格既遵从传统，也充满抱负。两者虽是南辕北辙，却正好确立了朗格的企业哲学。创新，是朗格相传下来的一个使命；传统，证明朗格的潜在价值。对于朗格的制表大师来说，每一枚新型号腕表都糅合了过去为人所珍视的价值，同时亦具备开拓腕表未来发展的设计，这其中充分体现了朗格的制表理念——"传统精粹，出类拔萃"。

后记：朗格的发展过程，可谓一波三折，但是最终在不断努力

精密的手工制作是朗格的特色之一

朗格(A.LANGE & SÖHNE)：一个伟大时代的诞生

SAXONIA ANNUAL CALENDAR 年历腕表

下，朗格又发挥了创始之初的辉煌。历经磨难的朗格，似乎更具沧桑之感，给人以与众不同的吸引力。或者，朗格的魅力就在于隐藏之后的爆发与不可多得的传奇。

朗格大事记

1815年2月18日，费尔迪南多·阿道夫·朗格诞生于德累斯顿。

1830年，阿道夫·朗格开始跟随备受敬重的皇室宫廷钟表师古特凯斯学艺。

1837年，阿道夫·朗格开始了见习旅程，曾拜访巴黎、英国和瑞士。在此期间，他开始了著名的旅游日志。

1841年，古特凯斯在德累斯顿新建成的森帕歌剧院制造出著名的"5分钟数字钟"。

1842年，阿道夫·朗格获颁发制表大师的资格，并成为古特凯斯的制表生意合伙人；同年，他与古特凯斯的女儿结婚。

1843年，阿道夫·朗格向萨克森政府提议在贫穷的厄尔士山区建立制表企业。

1845年12月7日，阿道夫·朗格在格拉苏蒂创办朗格和爱彼"Lange & Cie."表厂，从此奠定了德国精密制表业的发展基石。他的长子理查德，仅数天之后诞生。

1846年，阿道夫·朗格在制表方面引用公制作为量度单位，因此能更精确地测量。

1848年，作为市长，阿道夫·朗格在其后的18年努力争取格拉苏蒂良好的政治环境。

1864年，朗格为了增加机芯的稳定性，发明了3/4夹板。

1867年，阿道夫·朗格被授予格拉苏蒂荣誉市民奖。

1868年，理查德·朗格成为父亲公司的持有人之一，公司名称亦改为"A. Lange & S.hne"。数年后，他的弟弟艾米也加入家族事业。

1873年，兴建朗格总部，作为朗格家族的居所兼生产厂房。这幢建筑放置了一座钟摆长达9米的精密时钟。

1875年，费尔迪南多·阿道夫·朗格于12月3日去世。他的儿子接下了管理公司的重任。

1895年，为庆祝公司创立50周年，格拉苏蒂为阿道夫·朗格竖立了一座纪念碑。

1898年，德国皇帝威廉二世，官方出访君士坦丁堡时赠送东道主一枚由朗格制造的豪华怀表。

1902年，艾米·朗格被封为法国荣誉勋爵，以表扬他对制表业的贡献。

1906年，随着艾米的儿子奥拓·朗格加入公司，家族事业进入第三代。奥拓的兄弟，鲁道夫和格哈德，也加入公司担负起公司管理的重任。

1924年，朗格的曾孙瓦尔特·朗格于7月29日出生。他完成训练后便开始在家族企业里当制表大师。

1930年，理查德·朗格发现将铍加进制作游丝的合金里能显著地改善游丝的质地，因此他申请了专利。

1945年5月8日，俄国轰炸机摧毁了朗格的主要生产工厂。

1948年，民主德国政府征收了朗格公司。瓦尔特·朗格被迫逃离家乡，前往联邦德国。

1990年12月7日，瓦尔特·朗格在德累斯顿创立了朗格腕表有限公司，同时注册"朗格"品牌。

1994年，朗格发表重返表坛的首批新世纪腕表：朗格1号、萨克森、陀飞轮、蓝马克斯勋章及拱廊腕表。

1997年，朗格马蒂的自动归零功能体现了朗格的创新精神。

1999年，DATOGRAPH为制作上乘的计时表定下新标准。

2001年，经过数年的修复，朗格祖业厂房重开。后来，它被用作朗格制表学校。

2003年，朗格自家研制的摆轮游丝，于全新科技及研究中心内产生。

2007年，在德累斯顿新市场开设第一家朗格专卖店，之后上海和东京专卖店也在一年后揭幕。

2009年，朗格呈献了首枚具备跳字显示的机械腕表LANGE ZEITWERK。

爱彼（Audemars Piguet）：皇家橡树的传奇故事

> **导语**：爱彼创建于 1875 年，时至今日，仍然是高级钟表业中历史最悠久的家传名厂，创厂 130 年来皆保有在其创始者家族手中经营。两位创始者奥德莫斯和皮捷特，坚信延续这一传奇必须基于古老悠久的制表诀窍和技艺，以及三个根本的价值观：坚持传统、追求完美、大胆创新。

爱彼（Audemars Piguet）是瑞士这个钟表国家的品牌，在 1889 年举行的第十届巴黎环球钟表展览会中，爱彼的卓越复杂型陀表参展，其精湛设计

这里承载着关于爱彼历史的种种记忆

爱彼(Audemars Piguet)：皇家橡树的传奇故事

引起极大反响，声名大噪，享誉国际，为爱彼表在表坛树立了崇高的地位。时至今日，爱彼表在奥德莫斯（Audemars）与皮捷特（Piguet）家族第四代子孙的领导下成绩骄人，深获钟表鉴赏家及收藏家的推崇，成为世界十大名表之一。

爱彼的标识 AP，是由创始人朱尔斯·路易斯·奥德莫斯和爱德华·雷诺亚·皮捷特两人姓的第一个字母"A"和"P"组成。爱彼的创办人一直醉心于制表艺术，专注于研制超薄机械零件，创制出精密复杂的机械表，并屡获殊荣。坚持以"老师傅的一双手"来打造手表是爱彼的传统。爱彼表在每一只表后都会刻上制造者的名字，以示负责保证。为维持瑞士作为钟表王国的美誉不辍，瑞士设有钟表学校，以培养钟表界所需的钟表人才。

Jules Audemars Gstaad Classic 参与慈善表款

一个学徒必须在钟表学校中先修完四年的课程，才能取得合格钟表匠的资格。不过若要成为一个爱彼表厂的师傅，则必须要再多花费两年时间，才有资格被派到超薄机械部门工作。爱彼表厂坚持以"老师傅的一双手"来打造手表的传统，百年如一日。爱彼的售后服务在世界各名牌表厂中相当知名，即使是零件已经停产20年，只要查询存有制造数据，爱彼表厂仍可以为客户修护，达到品质世代保证的目的。爱彼采用的钻石经过严格挑选，无论颜色还是清晰度都达上乘，然后经由经验丰富的珠宝工艺师精心镶嵌，在精确掌握时间的同时，尽显魅力。

辉煌的传承历史

钟表厂成立之初,两位高瞻远瞩的爱彼表创始人决定不再做钟表厂的零件供货商,而是率先研制完整钟表。1882年,爱彼创制出首枚配备万年历装置的袋装手表,充分反映了他们的进取和机智。1889年第十届巴黎环球钟表展览,爱彼表的参展作品卓越复杂陀表,配备问表、双针定时器及恒久日历的功能,设计精密,引起钟表界的极大反响。这次的成功,令爱彼表声名大噪,迅速在表坛建立起领导地位。除原有在伦敦及巴黎的代理商外,新的代

创始人之一爱德华·雷诺亚·皮捷特　　　　　　创始人之一朱尔斯·路易斯·奥德莫斯

理商也在柏林、纽约及布宜诺斯艾利斯等地成立。随着业务的扩展，1907年，爱彼股份有限公司在原有大厦旁购置了新物业，现为爱彼表博物馆。爱彼表制造中心也从未迁离原址，每枚腕表均出自钟表制造的发源地——瑞士汝拉山谷的制表工厂，并刻有制表师的名字和个别编号，弥足珍贵。

爱彼表之所以能在尊贵瑞士制表传统中长盛不衰，全因两个始创家族历来对爱彼表的承诺及后世制表大师的忠心。自1882年开始，奥德莫斯及皮捷特的家族成员出任公司各主要职务，而奥德莫斯及皮捷特则分别掌管公司内两大业务范畴：奥德莫斯负责技术部分，皮捷特则较多参与商业活动。这种联合的管理方法被家族成员沿用至今，历久不衰。

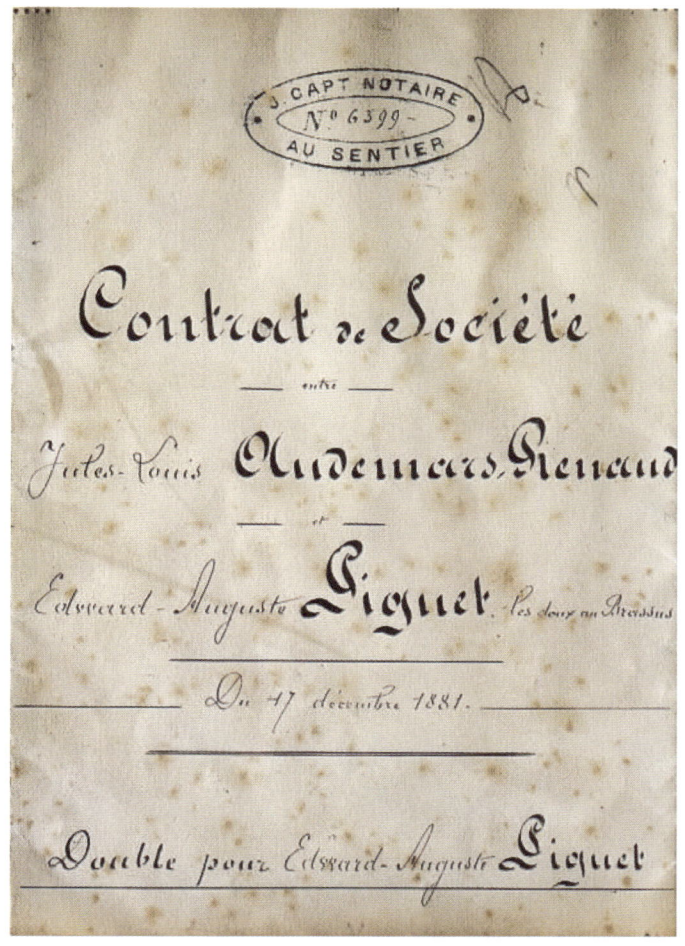

爱彼的老旧资料

1917年，朱尔斯·路易斯·奥德莫斯退休并由其儿子保罗·路易斯·奥德莫斯（Paul-Louis Audemars）继任董事会主席及技术部经理。1919年，保罗·路易斯·奥德莫斯也继承父业，掌管公司的商业部门；直至1962年，他的两个女儿也开始在公司工作，雅克·路易斯·奥德莫斯（Jacques Louis Au-

皮捷特虽然年事已高,但是仍然潜心制表事业

demars)更成为董事会主席。现在,爱彼表已传至第四代,董事会主席由雅克·路易斯·奥德莫斯的女儿贾思曼·奥德莫斯(Jasmine Audemars)出任。

已有130年历史的爱彼表在奥德莫斯及皮捷特的第四代后人领导下,成绩骄人。精湛的制表技术和华贵典雅的设计,令爱彼表深受钟表收藏家的推崇,成为世界十大名表之一。直至今天,爱彼表制表工厂分布于瑞士布拉苏丝(LeBrassus),洛克(LeLocle)及日内瓦,员工人数达430人;另外,更于德国、法国、瑞士及美国等地设立分销点,雇用人数超过70人。凭借着自身的创业精神,他们集中制造爱彼复杂表,并进行策略性的市场推广,令爱彼表成为当今世界上拥有最多复杂腕表发明纪录的品牌。

爱彼(Audemars Piguet)：皇家橡树的传奇故事　027

菲利甫·圣默克（Philippe C. Merk）于 2009 年 1 月 1 日正式接任成为爱彼表集团行政总裁

传奇人物朱利奥·帕彼(Giulio Papi) 爱彼表雷诺和帕彼机芯厂负责人兼首席设计师

　　朱利奥·帕彼是一个拥有意大利国籍的瑞士人，1965 年 5 月 22 日出生于瑞士拉绍德封（La Chaux-de-Fonds）。朱利奥·帕彼从小就对数学与工艺产生了浓厚兴趣，而且他还很喜欢研究像汽车、飞机等与机械结构有关的事物。1984 年毕业于拉绍德封工学院，拥有专业修表师学位。在毕业同年，他便任职于爱彼表总厂，当时遇见了从贝桑松

腕上迷津——精准的奢华
RIGHT TIME:EXACT LUXURIES

爱彼表雷诺和帕彼机芯厂负责人兼首席设计师
朱利奥·帕彼

（Besanon）钟表学校毕业的多米尼克·雷瑙德（Dominique Renaud）。两年后，两人决定自行创业，在拉绍德封成立了一间名为雷诺和帕彼的工作室。1992年，爱彼表入主雷诺和帕彼，工作室更名为爱彼雷诺帕彼（爱彼表雷诺和帕彼机芯厂），简称APRP，并从此成为爱彼表高复杂机芯的研发设计中心，享誉表坛。

旅行和发现新事物也是朱利奥·帕彼热衷的事，在他和太太尼科莱特（Nicolette）拥有小孩之前，他们已经到世界许多国家旅行过。除了制表及家庭之外，朱利奥·帕彼对社会学、哲学和阅读也很有兴趣，偶尔，他也会烧一道特别的菜与家人朋友聚聚，或是与朋友踢一场足球。虽然忙碌的行程让他没有太多时间可以从事喜欢的运动，但是朱利奥·帕彼非常喜欢水上活动，特别是潜水。在繁忙的工作和生活中，朱利奥·帕彼的终极最爱仍是制作手表，从想象、设计到制作出成品，不断对复杂功能机芯的挑战，对这位杰出的钟表设计工程师来说，就像呼吸一样自然。

复杂功能表是爱彼雷诺帕彼的专长，他们擅长将以往怀表的复杂大型机芯，微缩到现在的小型腕表里。作为代表当今高级制表业最顶尖

爱彼(Audemars Piguet)：皇家橡树的传奇故事

爱彼全球总部

技术的腕表品牌，AP 爱彼表的许多复杂功能腕表都出自以朱利奥·帕彼领军的爱彼雷诺帕彼之手，其中包括举世瞩目并令全世界钟表收藏家们趋之若鹜的"Tradition of Excellence（八大天王系列）"。爱彼表雷诺和帕彼机芯厂亦为包括朗格、法兰穆勒（Franck Muller）、积家（Jaeger-Le-Coultre）、雅典（Ulysse Nardin）、帕玛钱宁（Parmigiani）等钟表品牌提供优质的复杂机芯。2008 年，朱利奥·帕彼获得"日内瓦钟表大赏最佳制表师和设计师"之顶级荣誉。

唯一保有在创始家族手中经营的百年表厂

1923年,爱彼的工作场所

1923年,爱彼旧车间的工作模式

1875年,AP爱彼表在瑞士地区Vallee de Joux(汝拉山谷)心脏地带的布拉苏丝村庄创立,专门设计及生产顶级精密复杂的钟表。作为钟表业的奇迹,AP爱彼表厂是世界上最古老的钟表企业之一,而其最难能可贵之处便是建厂130年来一直保有在其创始者家族手中经营。他们坚信延续这一传奇必须基于古老悠久的制表诀窍和技艺,以及三个根本的价值观:秉持传统、追求完美、大胆创新。

今日,爱彼表仍然是高级钟表业中历史最悠久的家传名厂,其经营权并未落入外人手中。现时,爱彼表在全球的聘用员工约1000人,包括450名于瑞士三个生产厂房工作的员工,每年出产超过2万只腕表,充分展现出其家传独门技术的传承,也应用了最新的现代科技。

"秉持传统、追求完美、大胆创新"正是令爱彼表于现今高级钟表艺术上

爱彼(Audemars Piguet)：皇家橡树的传奇故事

今天的爱彼,褪去了百年的悠久历史铅华已然换上新颜

仍然保持长盛不衰的三大基本价值理念。在走过的每一段历史旅程中，爱彼表都采用最先进的科技，加上爱彼表制表师们巧夺天工的技艺，制造出各式各样的杰作，更创下了很多"世界第一"的头衔。

百年表厂换新颜

　　早在 2007 年，爱彼表董事会主席茉莉·奥德莫斯女士及前任集团总裁梅朗先生亲手为位于品牌发源地瑞士汝拉山谷布拉苏丝村的全新工厂奠基下第一块基石，标志着新厂建设的开始。如今，这个外观拥有极强线条感的工厂已经竣工，成为汝拉山谷蓝天白云之下绿色环保的当代建筑之典范。完全符合其中关于使用者舒适度及节能、健康、环保等方面的严格要求。

　　爱彼表新工厂的环保理念体现于设计和建造的整个过程。建设中使用的建材均是再生或者环保的材料，如外墙使用石棉纤维水泥、窗架使用阳极去

爱彼表厂新厂

氧化铝、地面采用无毒不含溶剂的材料或 FSC 认证的木地板，以及使用水基漆等。基于对员工舒适度与健康的考虑，新工厂在电子及电信设备的使用上进行了严格的控制，以避免可能危害人体健康的各种辐射。为保护环境、平衡二氧化碳的排放，爱彼表还特意在新工厂附近建造了一套依靠燃烧木柴进行远程供暖的设备。这套设备不仅能够满足爱彼表工厂自身的供暖需求，亦惠及周围一百多个其他建筑。新工厂以同样原则建设了一套免费冷却系统，

完全以汝拉山谷的天气形态为调校标准，利用户外空气进行制冷，从而避免了高能耗的传统空调设备的使用。工厂外经过精心设计的功能性绿化区域确保了工厂与周围民居的和谐共存，使原本穿过布拉苏丝的小河又再次于原本的河道上潺潺流动。种植在爱彼新厂四周的植物也经过精心挑选，以具地域代表性的树木与花朵为主，因此选择了迷迭香以及柳树，这两种植物也能使河流两边的岸堤更加稳固，而且在数月后，这些美丽的绿色植物将会迅速增长，延展到四周，让整体景观更加美丽。

更上一层楼的技术创新

爱彼表两位创始人朱尔斯和爱德华在最初创厂时就决定爱彼表将致力于研发最精巧的机件来制作高度复杂及精密的钟表，而早在 1889 年第十届巴黎全球钟表展览中，爱彼表就展出一款包括三问报时、万年历及双追针

精益求精的爱彼表厂新厂风景十分优美

计时秒表的超复杂功能的顶级怀表，在当时史无前例而引起极大轰动，不但使爱彼表声名大噪，也为爱彼表奠定了表坛权威的地位。进入 20 世纪，1925 年，爱彼表创制出当时最薄的怀表（1.32mm）；继而于 1946 年和 1986 年，分别推出了全世界最薄的机械腕表（1.64mm）以及首枚自动超薄陀飞轮腕表（4.8mm）。而在 1972 年初露头角的皇家橡树（Royal Oak）系列，至今已是爱彼表举世闻名的代表作。

2000 年，在八大天王一号问世后仅一年，爱彼表推出八大天王二号，这是一只具备陀飞轮、三问报时、万年历和大视窗日历的顶级复杂腕表，同时

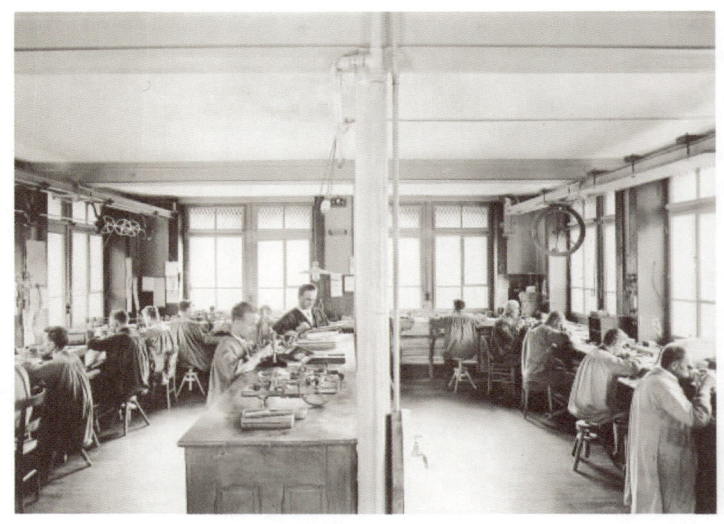

爱彼表还推出了"日出日落时间等式万年历"和"世界时区万年历"腕表；发表全航空3090手上条机芯。

爱彼表在每一年都会定下一个主题。当发现现今女性对复杂机械表的需求日渐殷切时，爱彼表曾将2004年定为"女士之年"，并借此机会推出了全新女装腕表天神、梦幻（Dream）和女士皇家橡树三个系列以示对女性追求腕表诉求的满足。爱彼表一向以生产高级的复杂腕表为主，未来仍会朝着这个方向迈进，并且继续为钟表业引进新技术。

爱彼表在复杂功能表的研发及制造过程中，有多次刷新表界历史纪录的创举值得称道，并以创始人之名，分别生产出两大经典系列：圆形的朱尔斯·奥德莫斯系列，及长方形爱德华·皮捷特系列。

1923年的爱彼工作车间

精益求精、一丝不苟，爱彼即使历经百年，仍然秉承着品牌不变的传统

爱彼(Audemars Piguet)：皇家橡树的传奇故事

制表车间内制表匠的工作态度一丝不苟

皇家橡树(Royal Oak)系列腕表及爱彼表基金会

　　1972年，爱彼表推出皇家橡树系列腕表。由于其螺丝外露的革命性设计，打破了钟表业界遵循了数十年的不成文规定：所有运作的零件都得隐藏起来，皇家橡树也因此影响了全世界的钟表设计风格，成为不朽的表坛瑰宝，其至今仍是爱彼表的代表作之一。

　　八角形表面的皇家橡树系列腕表在其独特造型背后，有一段吸动人的传奇故事。

　　皇家橡树原本是英国皇家海军一艘于1830年下水启用的战舰，在当时它的负载武器种类多寡及吨数均为全球之最，而爱彼表的设计师即是从此艘被命名为皇家橡树号的战舰上找到设计的灵感。战舰上八角形的舷窗，就是

腕上迷津——精准的奢华
RIGHT TIME:EXACT LUXURIES

爱彼表厂新厂的工作车间制表匠们正在认真工作

爱彼表独特的八角形表面的由来，因为船的舷窗即象征了力量和防水。而橡树之所以在英国有如此尊贵的地位，是因为英皇查理二世在一次躲避敌军追击时，因躲进一棵橡树中而得以保住性命，因此查理二世便命皇家橡树为皇室保护者的象征。从此以后，橡树便在英皇室的心中享有最特殊尊崇的地位。

目前已经上市超过30年的皇家橡树系列腕表目前已备有完整多样化的选择，男女表款、自动表、日期显示、年历表、万年历表、镂空表、计时秒表、大复杂功能表等，在材质方面除选用铂金、黄金、白金、玫瑰金、精钢

爱彼(Audemars Piguet)：皇家橡树的传奇故事

及镶钻为主的素材之外，甚至还采用太空领域稀有金属"钽"、钛合金，甚至是航天超级合金（alacrite）602。

虽然在表款的外观装饰或是功能设计上已稍有不同，但皇家橡树系列腕表的造型一直未偏离当初由船舰舷窗上所得的创作理念，反而是将原有的设计进一步加以改良，创造出更特殊的手表式样，至今已经生产出超过 700 种不同款式。因此之故，皇家橡树系列腕表在 30 年后的今天，仍然是跨世纪的最佳完美设计，拥有全球六成以上的顶级运动表市场占有率。

爱彼口径(Calibre-3120)机芯

1992 年，爱彼表为了庆祝皇家橡树系列腕表上市 20 周年，特别成立基金会，以具体行动来拯救全世界的森林。从每一只卖出的爱彼表中提拨固定比例的基金，以非营利组织的形式，帮助保护全球的环境及森林，并唤起年轻人爱护环境的意识。爱彼表委托在世界森林保护行动中最杰出的两个组织——位于瑞士的世界森林保护联盟（IUCN）与英国皇家橡树基金会的纽约分部（US ARM OF GREAT BRITAIN'S NATIONAL TRUST），共同监督基金会的运作。

十多年来，在时间的树这句口号之下，爱彼基金会在全球共计 20 个国家，赞助了将近 30 个森林重建计划，包括英国、葡萄牙、美国、马来西亚、巴基斯坦……并且也积极赞助重建许多欧洲国家被 1999 年暴风雨及森林火灾毁坏的森林。到目前为止，爱彼基金会总计捐出超过 200 万瑞士法郎，用于全球 46 个森林保育、环境教育及儿童援助个案。

千禧(Millenary)系列腕表

1996年，爱彼表发表了横椭圆造型的千禧系列，乃以传说中古罗马竞技场的形状为设计理念，线条简单，却能绝妙展现美学上典雅和谐的均衡感，精致的抛光与雾面手工打磨处理，使整只腕表看来如同一件令人赞叹的绝世艺术品，在优雅、古典的概念中，呈现出崭新傲人的当代风采。千禧系列融合了爱彼表130年以来在制表技术的巅峰成就，将传统与现代、古典与前卫的设计完美结合，更显佩戴者的磅礴气势与恢弘视界。表款设计师爱曼诺·奎特（Emmanuel Gueit）表示，任何成为爱彼表的新系列成员，都必须具有独特个性及革命性设计，不但要避免与现有系列过多的重复性，也不能过分凸显奇异性。千禧系列不但在材质、尺寸上备有各式选择，在机械功能上也无懈可击：全系列无论男女表皆为自动上链机芯的设计，已是表界少有，而从日期星期显示、动力储存、月象盈亏等基本功能，到计时码表、万年历、两地时间等复杂功能更是一应俱全。

1972年产的第一块皇家橡树腕表

爱彼（Audemars Piguet）：皇家橡树的传奇故事　039

皇家橡树离岸型锻造碳陀飞轮计时码表

仕女钻表系列

在仕女佩戴的珠宝钻表领域中，爱彼表始终以源源不绝的创意，针对全球女性开发了多款珠宝钻表，受到许多时尚名媛的喜爱，从 1998 年复古优

爱彼首枚自动上链超薄陀飞轮

雅的"乔尔斯登"（Charleston）系列、2000年时尚迷人的"允诺"（Promesse）系列，由于华丽精细的镶工、纤细的尺寸，衬以精密机芯之繁复，因此总能在各式重要宴会场合中，在名媛贵妇的手腕上，闪烁出耀眼动人的光彩，也尽显拥有者的身份与品位。

而2004年，爱彼表总厂更将年度主题定为"献给全球女性尊贵"，并发表了数款仕女豪华钻表，让世界女性更显魅力风华，例如全新皇家橡树女表、象征光亮女神的系列、丰润华丽的梦幻系列……

秉持一贯的高质量制表原则的爱彼表，是少数附加提供独立宝石保单的表厂，保证每一只爱彼出厂的珠宝钻表都使用净度IF级、成色F，内部完美无瑕的上选钻石或顶级宝石，堪称表坛中选用宝石等级最高的表厂。

爱彼的世界第一与独创纪录

1875 年建厂以来，每年持续生产"大复杂功能"怀表或腕表，从未间断。

1892 年，发表世界第一只具三问功能之腕表。

1915 年，爱彼表打破世界纪录，创出全球最纤细的 5 分钟问表机芯，直径仅 15.8 毫米，目前仍无人与之匹敌。

曾经的爱彼博物馆

爱彼博物馆新馆

1920年，推出第一只能运算恒星时间并显现伦敦上方星空图的怀表。

1925年，世界最薄之怀表，仅厚1.32毫米。

1934年，创作出全球有史以来第一只镂空怀表。

1946年，爱彼表创下世界表坛新纪录——推出全球最薄的机械表，只有1.64毫米。此款机芯实用而一直沿用至今，成为表坛名作。

1967年，爱彼表推出全世界最薄的自动上链机械表，厚度仅2.45毫米，并且首度尝试以21K黄金制作自动盘，引起同业群起仿效。

1972年，顶级运动表"皇家橡树"面市，为全球第一只自动上链不锈钢防水运动表。

1986年，推出全球首枚超薄型自动上链陀飞轮腕表（航空2870机芯）。启用有史以来最小的陀飞轮罩，展现爱彼表厂在该严苛领域无可匹敌的精湛技艺。

爱彼(Audemars Piguet):皇家橡树的传奇故事

爱彼博物馆原址

1989年,推出全球第一只配有显示异地时间的腕表。

1992年,世界第一只结合三问及跳时功能的腕表。

1998年,发表世界第一只三音锤自鸣三问机械表,及世界最小女用三问表。

2000年,发明动力扫描仪,为百年来唯一钟表重大发明,拥有20年专利,能测知腕表之精准度。

2000年,率先发表全球日出日落时间等式万年历腕表,及世界时区万年历腕表。

2001年,推出表坛唯一以矿石结晶体为机板的陀飞轮腕表。

2006年,推出AP擒纵系统,以创新专利技术使擒纵系统运转更精准且无需上油。

2007年,首创开发出锻造碳材质制作表壳之技术,以该材质制作表壳之

爱彼 2010 年最新力作——MILLENARY 千禧昆西·琼斯(Quincy Jones)腕表

阿灵基帆船队（Alinghi Team）限量腕表荣获当年度日内瓦钟表大奖最佳运动表之殊荣。

爱彼大事记

1875 年：
由朱尔斯和爱德华创立爱彼表厂于瑞士汝拉山谷的布拉苏丝。

1882 年：
发表复杂 3 倍型，配备问表、万年历、月相盈亏显示、定时器及中央 60 分钟计时装置。

1889 年：
第十届巴黎环球钟表展中，爱彼表之参展作品卓越复杂型配备问表、追针计时、万年历功能，以精巧之设计一鸣惊人。

1899 年：
一枚大复杂功能怀表在爱彼表厂工作坊问世。

1978 年：
推出超薄自动万年历腕表，引起月相盈亏表款的设计风潮。

爱彼(Audemars Piguet)：皇家橡树的传奇故事　045

2010 爱彼朱尔斯·奥德莫斯超薄万年历腕表

1992 年：
推出由 650 枚精密零件组成之 3 倍复杂型，为世界第一只集合万年历、三问、计时秒表功能于同一机芯之腕表。

1992 年：
为庆祝皇家橡树系列 20 周年，成立皇家橡树基金会，以保护全球森林树木

爱彼皇家橡树日出日落时间等式天文月相万年历腕表

为职志。

1994 年：

推出世界第一只能每刻钟（15 分钟）自动报时之自鸣三问腕表。

1995 年：

Audemars Piguet 爱彼表 120 周年推出皇家橡树纪念表，限量发售。

爱彼(Audemars Piguet)：皇家橡树的传奇故事

1997年：

首枚配备三音锤之复杂三问表。

1997年：

开发出由近700枚零件组合之卓越复杂型，为结合三问、万年历、双追针计时秒表之自动上链机芯。

1999年：

推出八大天王一号，具备陀飞轮、三问、追针计时功能。

2000年：

推出八大天王二号，具备大尺寸日历、陀飞轮、三问及万年历显示。

爱彼现代制表工艺

2000年：

推出世界第一只表坛唯一之世界时区万年历腕表。

2000年：

推出AP全新自制手上链基础机芯航空3090。

2001年：

推出八大天王三号，具备陀飞轮、动力描述器、动力储存指示、计时秒表功能。

2001年：

推出表坛唯一以矿物彩晶为机板的陀飞轮腕表。

爱彼制表零件

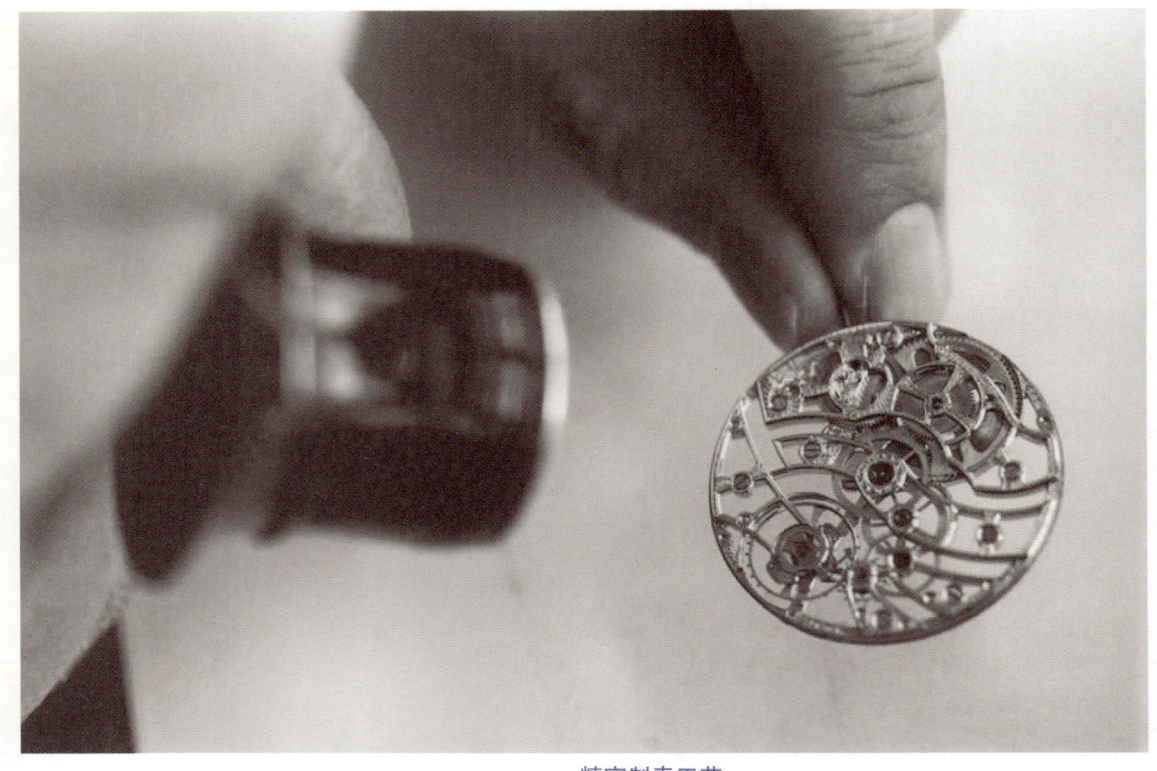

精密制表工艺

2002年：

为纪念皇家橡树系列30周年，推出皇家橡树概念表其具备避震陀飞轮装置、动力描述器、柱状动力储存指示器及功能控制调整器。

2003年：

发表全新自制3120自动上链机芯，为3090手上链机芯之升级版，具有顶级优异之配备及做工。

2004年：

推出八大天王四号，具备十日炼、陀飞轮、计时秒表功能，并具备双重动力储存指示盘。

2006年：

推出八大天王五号，具备专利AP擒纵系统、七日炼、直线型万年历及跳秒装置。

爱彼(Audemars Piguet)：皇家橡树的传奇故事 049

爱彼离岸系列码表

宝珀 (Blancpain)：传统契约

> 导语：如果说，历史可以增加对于一个品牌的认真程度，宝珀绝对是充满无限探求与未知之谜的一个品牌。向我们展示了每一个伟大品牌的不朽历史。

公元 1735 年，即我国的清雍正十三年。当年旧历八月清世宗（雍正帝）于北京圆明园去世，24 岁的皇四子爱新觉罗·弘历即位，次年改年号乾隆。这位新皇帝一生风光无限，并与他的祖父及父亲开创了显赫一个多世纪的"康乾盛世"。而乾隆皇帝一生对西洋钟表的痴迷不亚于他在其他艺术品领域的见地。就在乾隆登基的这一年，地球的另一端也发生了一件彪炳史册的大事。瑞士人宝珀 (Jehan-Jacques Blancpain) 先生于瑞士西部静谧的汝拉山区创立了一间制表工坊。这间工坊的诞生昭示着世界上第一个登记在册的钟表品牌出现了，瑞士钟表业亦由此从"匠人时代"跨入"品牌时代"。而宝珀作为瑞士现存历史最为悠久的钟表品牌，其坚持传统的创新的哲学理念也延绵至今。

宝珀在香港

宝珀表，是瑞士历史上

宝珀 (Blancpain) :传统契约

宝珀老厂

最古老的手表品牌,同时也是世界上第一个注册的钟表品牌。其数百年的文化及精湛的工艺,使得宝珀在世界表坛拥有至高无上的地位,而它所蕴涵的质朴精神与内敛智慧也成为了一种追求完美时间艺术的高贵信仰。

向最悠久历史的钟表人致敬

向最悠久历史的钟表创办人贾汗·雅克·宝珀（Jehan-Jacques Blancpain）致以最高的敬意。准确而可靠的时计,印证着岁月的流逝及手表的重大发明,

腕上迷津——精准的奢华
RIGHT TIME:EXACT LUXURIES

宝珀表厂

带领世界文明跨进新里程。宝珀的创办人贾汗早就预料。汝拉山脉的制表师所制造的腕表，来日必定举世闻名，成为表中典范。正如他欣悦地常挂于嘴边的一句话："我们正为明天留下光辉的一页。"宝珀的表匠对传统制表工艺的矢志不渝，令非凡创意及精湛技艺，虽历经13代，250年的岁月洗礼，但仍杰出依然。宝珀从未生产过石英手表或质素平庸的手表。因为宝珀只致力于制造艺术中的极品。6款经典时计就是有力的证明。精巧复杂的设计，彰显出艺术的生命与灵魂。

欧洲中世纪，当加尔文佩戴珠宝被定罪事件发生后，100多名日内瓦的金匠从此丢掉了饭碗，这些人是精通雕刻、打磨、凿制和创造饰物的普通工人，同时也是优秀的机械师。

南特法令被废除后，胡格诺派教徒从法国逃到了瑞士，避难在日内瓦，他们中的许多人都是熟练的钟表匠。在避难生活中，这些钟表匠经常在日内瓦湖畔与当地的金匠交流经验。这些技艺纯熟、富有创造力的新教徒从法国大量离去避难到日内瓦最终导致了在此城聚集了500多名钟表匠，这些手工艺人无时无刻不在寻找新的机会。在1601年，他们成立了世界上第一个制表公司。不久，这些人就感到在日内瓦很受限制，于是离开了日内瓦，穿过

宝珀 (Blancpain) :传统契约　053

农庄和城镇，从沃州到巴塞尔，最终来到汝拉山区。

他们的迁移最终影响了100年后的贾汗·雅克·宝珀，他于1735年涉足钟表匠行业，闻名遐迩。雅克·宝珀生长于讲法语的汝拉山，他的故乡在此山区，苏士河蜿蜒流过维勒特山村，围绕着宝珀农场。一开始时，与汝拉山区的大多数人一样，贾汗·宝珀只制作钟表的配件。但很快，他就开始生产完整的手表了。在18世纪末，雅克·宝珀的儿子大卫·路易士·宝珀开始在邻国销售他的钟表。每当完成一些钟表后，他就把他们装上马车或乘坐邮件马车把这些钟表送到外国客户的手里。但是，好景不长，不久到来的法国大革命使他们陷入了困境。不过即使是在那个艰难的岁月里，宝珀还是把他的业务扩展到了欧洲大陆。到1815年，纯粹是出于商业冒险，他成立了一个小型的钟表制造厂，以宝珀为标志。从此，宝珀成为了天才的钟表先驱，他的创新精神和极具创造性的气魄一次又一次书写了历史。

宝珀表进驻巴黎旺多姆广场20号

20世纪前期，根据世界上第一块自动上链手表的发明者——约翰·哈伍（John Harwood）的要求，宝珀开始大批量生产自动上链手表，并把产品销售到法国市场。1931年，根据位于巴黎著名的利昂·哈托特（Leon Hatot）

宝珀的核心人物

珠宝设计院的要求，宝珀以利昂·哈托特的名义又推出了著名的"滚动自动上链手表。1950年初，著名的宝珀"50尺潜水表"佩戴在雅克库斯托组员的手腕上，是当时具有世上最强的50尺（91.5米）防水功能的手表，他们因一部反映海洋世界的纪录片《沉默的世界》而获得1956年的戛纳电影节嘉奖，日后更被多国海军列为标准装备。同年，他推出了一款当时最细小的圆形机械手表"贵妇鸟"，备受女士们的青睐。

自1735年至今宝珀从未生产过石英表，以后也绝对不会，这项原则后来甚至成为该公司的广告词。事实上，宝珀不仅扬弃石英表甚至还表明决不使用ETA的机芯。其实能有如此的决心和勇气，最主要还是来自于机芯名厂弗雷德里克·皮克（Frederic Piguet）的合作关系。弗雷德里克·皮克是1853年在布拉苏丝创立的机芯厂，专门制作传统高品质超薄机芯以及复杂机芯，目前也隶属于斯沃（Swatch Group）的旗下，并且在那沙泰尔（Neuchatel）地区拥有多家工厂。它不但提供宝珀所需的各式机芯，同时还是多家知名表厂如卡地亚、萧邦、昆仑表的供应商。但为了宝珀的独特性，宝珀的型号并不对外提供。

绝无仅有的艺术价值

要体现宝珀在超过两个半世纪的发展中所获得的技术的基本价值，可归

宝珀 (Blancpain) :传统契约 055

纳为数个要点，它们也是此品牌将来路线和发展的基础：世上第一个表的品牌，钟表制造艺术的典范，圆形钟表的楷模，一个文化遗产，全手工制造和装配的钟表。宝珀腕表系列，其中所蕴藏的机动系统、繁复精巧，无一不是制表艺术中的极品，包括超薄表、月相盈亏表、万年历表、双码表及三问表等。三问表是表坛上成就极为显赫的艺术杰作，它的诞生是逾一万小时精心研究后的成果，可依需要作时、刻、分鸣响报时，其精巧的机动系统内有30多颗红宝石及约300

宝珀在 2010 年巴塞尔表展上发表全新力作卡罗素三问表

个零件，以手工镶嵌而成。虽然结构繁复，表心的厚度及直径却仅有3.2微米及21微米，其中部分零件甚至比一根头发还要纤细。三问表是表艺知识及声学运用的完美结合：每一声时、刻、分鸣响，全赖两枚发出不同震动及音调的微型锤子敲击；而每枚三问表，均需要制表师花上3个月时间镶嵌及调校，完成后，制表师会为它们个别加上编号及签名为记。因此，每年只有少量三问表面世，要送达顾客手上，往往需时3年以上。

宝珀腕表的价值不仅在于人工镶嵌所花的时间，还在于它一丝不苟的每一个细节。它优美的经典外形，使它可超然地不受潮流变迁所影响，成为自成一体的表艺珍品。为了保持制表传统，宝珀的制表大师今天仍在那古老农社内的工作台上镶制手表，这里没有一点工厂的形象，连一条生产线也没有。"传统"在此拥有至高无上的地位，数百年的文化及工艺精粹也得以发扬，及至1735年宝珀名表面世。

宝珀275周年新作

尊贵与收藏

近代，几百年的历史成就了钟表的辉煌。尽管在中世纪人们还依靠蘸着墨水的羽毛笔在羊皮卷上记录，但精确的时间无疑成为见证历史时刻的唯一可信赖的标准。当历史发生的那一刻，解读时间的腕表便客观地记录下了这一切。时间流逝，人们往往还想从过去的岁月中得到些什么。于是，为了纪念一些历史性事件，腕表成为了它们的标签。

在漫长的历史长河中宝珀有着辉煌的历史。宝珀表曾经给拿破仑等各种王公贵族提供过专用手表，但是更重要的是，宝珀表从来没有用重复历史和

宝珀 (Blancpain)：传统契约

宝珀表情人节特别奉献奢华珠宝腕表

抱着传统不放来提醒人们对它的重视。作为历史最长的品牌，在近50年里却是发明和创新最多的品牌，布拉苏丝的工厂里诞生了机械表全部的六大经典，集六大经典于一身的1735，以及第一枚的八天动力偏心陀飞轮手表，八天动力储备的陀飞轮加万年历手表到去年的八大经典，时间等式等等，在近代的50年里宝珀表有着20多项的世界纪录，这意味着一个古老品牌的充满活力的创新精神。在瑞士布拉苏丝工厂的重新开业典礼上，20多项世界纪录

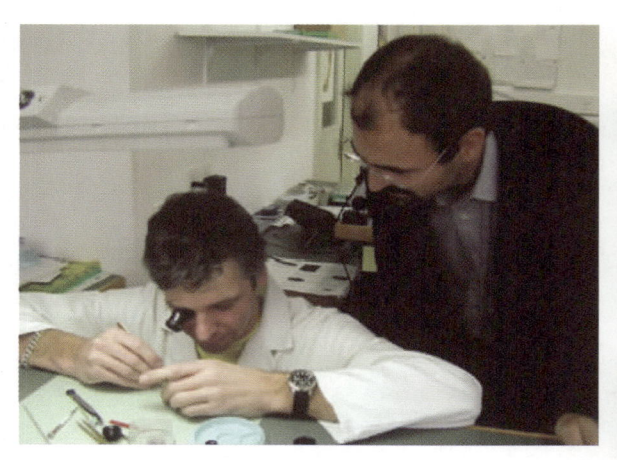

腕上迷津——精准的奢华
RIGHT TIME:EXACT LUXURIES

认真工作的制表匠们对于制表行业的专注

工作间中的制表匠

和创新被展示出来。

　　宝珀表的全球年产量只有 8000 只左右，而不是几万只几十万只，其中很多的限量款式只有几十只到几百只，例如宝珀表的春宫图手表，年产量只有十只左右，每一幅图画都是由制表师手工雕刻出来，并且每幅春宫画都是独一无二的珍品。这些因素都令每一只宝珀表极其珍贵，极具收藏价值。

　　作为顶级钟表的制造商，宝珀表早已为众多的国家政要、电影明星、体育名人等各界知名人士所青睐。在政界，宝珀最为著名的崇拜者就是俄罗斯前总理普京。普京喜欢手表，尤其钟情于深谙精密机械制作的宝珀表，他不但在出席重要场合时佩戴宝珀表，在私人时间里也不例外。酷爱户外运动的他在结束对伊尔库兹克的视察返回时，在图瓦共和国度过了难得的假日。在当地，普京被好客的牧羊人接待，作为回礼，他将自己手上佩戴的宝珀手表赠送给了牧民。

　　而在演艺界，好莱坞影星布拉德·皮特则是另一个不得不说的人物。这位时尚前沿的领军人物，在 2008 年喜得一对龙凤胎，在与爱妻安吉丽娜·朱莉及新生儿合影留念时，他特意佩戴宝珀表出现在镜头前。此外，英国球星大卫·贝克汉姆，曾饰演大鼻子情圣的法国影星杰拉尔·德帕迪约也都是宝珀的忠实粉丝，他们都分别拥有两枚以上的宝珀表。

宝珀 (Blancpain)：传统契约

和平饭店

精品店内陈列

摒弃糟粕，只为经典而生

至今，宝珀的制表大师们依旧秉承着一丝不苟的传统制表理念，在他们心中，圆形是钟表起源的初始形状，而坚持制作机械腕表则代表着对于传统制表工艺的尊重。更重要的是，宝珀坚持每一枚腕表都完全以精湛纯熟的手工制作。不仅每一枚腕表均有独立编号，其制造日期与制表师的姓名都有记录可查，因此宝珀的价值不仅在于手工及所耗的人力，而且还在于对每一细节一丝不苟的要求。其优雅经典的外形，超然地不受潮流转变的影响，成为永恒的艺术珍品。

在宝珀的工厂里没有大规模的生产流水线，而是只有独立的工作台。宝珀每一块手表的组装，从开始到结束都是由单一一个制表师完成的，这一点在近三个世纪的时间从未改变。尽管尊重传统为宝珀的行动准则，但宝珀同时也将另一套伟大的原则发扬光大——创新。宝珀的创新也可以说是另一种

腕上迷津——精准的奢华
RIGHT TIME:EXACT LUXURIES

宝珀代表性表款

　　传统。随着近三个世纪的发展、革新，宝珀已经在高级钟表界拥有了无数个"第一"的称号，其中包括率先复兴古典陀飞轮，制作世界上最薄的陀飞轮，推出独创的一分钟卡罗素专利设计等等。

　　1990年，正当所有瑞士钟表品牌都深受"石英革命"冲击、传统机械工艺趋于沉寂之时，宝珀首先站出来复兴古典陀飞轮，以其偏心陀飞轮设计阐述品牌的创新理念。之后，宝珀更将宏伟的品牌理念付诸于产品设计之中，并且生产出抗地心引力专业潜水陀飞轮腕表，而后者的诞生更令整个高级钟表界为之赞叹。布拉苏丝工厂先是推出了一款具备八天动力储备的超薄浮动陀飞轮，紧随其后，在世纪之交，品牌又充分利用了这一绝好机会，并由此发明了世界上最薄的浮动陀飞轮。这一消息对高级制表业的影响是深远的。

宝珀 (Blancpain) :传统契约 | 061

宝珀的工作间

在保持陀飞轮功能完整性的同时，宝珀成功地刷新了 18 世纪伟大发明家亚伯拉罕·路易斯·宝玑（Abraham-Louis Breguet）所赋予陀飞轮的迷人魅力。

在 2008 年，宝珀再一次刷新了它在机芯革命领域所保持的辉煌纪录，它通过推出一款配有一分钟同轴卡罗素的永动机芯，再次向世人展示了其创新的实力。该款式完全属于宝珀自己的复杂机芯卡罗素，不但彻底打破了陀飞轮无突破的尴尬境遇，同时揭开了数十年的卡罗素争议之谜——卡罗素一样可以同轴，一样可以做到一分钟转一圈，而在这之前的几百年中通常只有

062 腕上迷津——精准的奢华
RIGHT TIME:EXACT LUXURIES

宝珀还拥有众多其他产品

陀飞轮才能做到。尽管这个复杂功能的装置已被钟表业大师们遗忘了一个多世纪，但卡罗素如今却成了唯一可以与陀飞轮抗衡，甚至可以切实可行地替代陀飞轮的复杂机芯。与后者一样，它的目的也是要抵消重力引起的走时误差。宝珀复原了机构，并首开先河地将整个新型卧式机构缩小成腕表大小，再一次谱写了制表史上辉煌的一页，并给有关卡罗素定义的激烈争论画上了圆满的句号。

　　钟表评论家钟泳麟先生把宝珀一分钟同轴卡罗素的诞生誉为超越陀飞轮的伟大杰作，在世界腕表史上是具有里程碑意义的伟大事件。卡罗素表的存在，使得卡罗素结构本身也摆脱了它长久以来给人的"低转速"、"笨拙"等不

宝珀 (Blancpain)：传统契约

良印象，同时也彻底颠覆了历代钟表收藏家对它的固有认识。凭借种种努力，宝珀在有意与无意之间，总是改变着高级钟表的历史与命运，或许这也正是品牌的魅力所在，以及宝珀精神在世界范围内深受推崇的原因。

最顶级的手工机械表

宝珀表有着瑞士最高级的机械表机芯工厂，生产出过许多著名的脍炙人口的型号。其中最著名的例如：宝珀 21 自动超薄机芯厚度只有 1.71 毫米，1151 自动机芯，1185 计时机芯；F185 飞返计时机芯；偏心陀飞轮机芯，1735 机芯等等。他们基本上代表了瑞士复杂机械表的最高水准。特别指出的是，他们不仅具备超薄和复杂的特点，还实现了高度的实用性和稳定性，成为瑞士表坛顶级机械表中最经典和最具代表性的机芯。

在这 270 多年的历史长河中，宝珀表始终坚持保留着它的很多传统。

宝珀在布拉苏丝的工厂始终坚持，每一只手表都是由一个师傅从开始到结束单独完成的，如同两百年前制作手表一样。关键部位、搭桥、表盘和齿轮都需要靠极为辛苦的手工劳动完成，几百年的制表工艺就这样由这些师傅们传承下来。这里诞生了世界上最著名的最复杂的集六大经典功能于一身的手表 1735，全世界只有两个

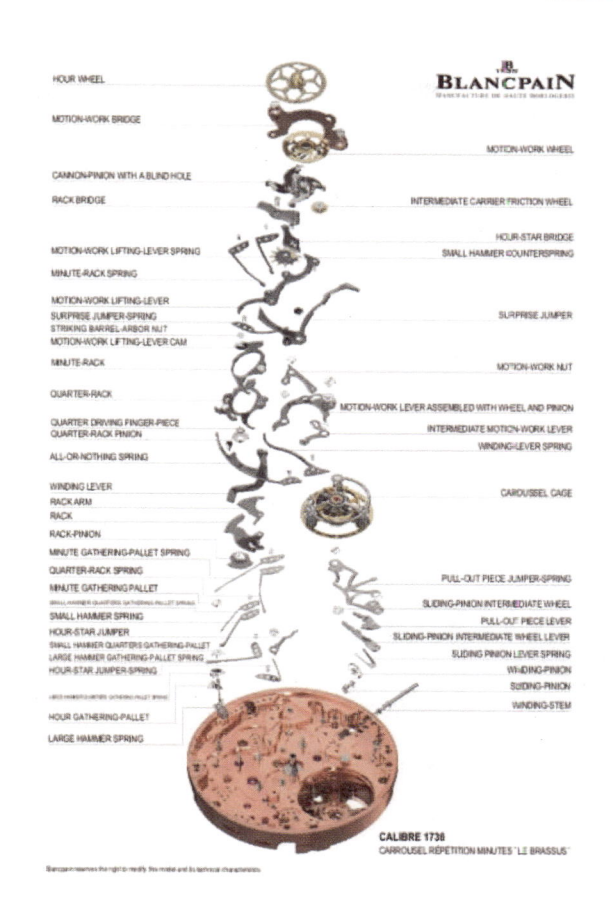

宝珀机芯构造图

腕上迷津——精准的奢华
RIGHT TIME:EXACT LUXURIES

宝珀精品店

师傅可以制作，一只表制作用时一年半的时间，是目前世界上最复杂的手表，也被美国的福布斯杂志评为2005年全世界第二昂贵的手表。

　　宝珀表最大的特点是含蓄和内敛。所有的钢表指针刻度以及透底自动陀都是用黄金或白金以上的贵金属制成。实际上，70%的宝珀手表都有100小时（4天）的动力储备，而大家却几乎看不到表盘上的动力储备显示器。40%的宝珀表还具有100米防水。宝珀表是复杂的，却也是低调和内敛的。

　　宝珀同时也是一个传统与创新融合的品牌，用传统和创新这两个词同时来描述宝珀并不矛盾。两者交织在一起形成了宝珀特有的哲学理念。

宝珀 (Blancpain)：传统契约 | 065

宝珀精品店

世界首款现代潜水表

半个多世纪以来，潜水表一直占据着宝珀手表领域一个极为重要的位置。宝珀的技术专长是随着法国潜水军团的成立而逐渐积聚而成。该组织隶属国

2009年限量推出以中国为主题的"8"字对表

防部,旨在艰难性的潜水探险活动及军事斗争需要而探索实践操作级设备。起初阶段,法国海军团队认为当时现存的潜水表没有一个可以经受得住海军军事行动的苛刻要求。它们转而向钟表制作大师宝珀提出设想并要求其能制造出一款结实耐用并能防水的手表。而且在极度困难的战争条件下能够很好地识别时间,使之成为军事潜水员的最佳伙伴。后来从宝珀工作室诞生了潜水表——世界上第一只现代潜水表,自此也定义了潜水表应具有的所有特征。

后记:对于完美事物的钟爱,成为每个人对于审美的一个客观标准与追求。对于手表的执著追求成就了一个个伟大的品牌。宝珀从开始的第一个环

宝珀 (Blancpain)：传统契约

节，到打磨、成型、检验、出厂，所经过的工序及检验都让人看到了宝珀的严谨、精良、传统及一丝不苟。我们期待着一个又一个伟大杰作的诞生，同时更翘首期盼着宝珀更加伟大的成就。

宝珀大事记

宝珀创立于 1735 年，是世界上第一个登记在册的表的品牌。

1815 年，宝珀的业务扩展到欧洲，并在当年成立了小型钟表厂。

1931 年，根据世界上著名的法国珠宝设计制造商的要求生产著名的自动上链手表。

1950 年，著名的潜水表佩戴在雅克·库斯托组员的手腕上，他们因一部反映海洋世界的纪录片《沉默的世界》而获得 1956 年的戛纳电影节嘉奖。

宝珀全历月相计时腕表

1956 年，宝珀推出了世界上当时最纤小的女士机械表"贵妇鸟"，备受女士青睐。

1983 年，并入斯沃琪集团。

1984 年，首创世界上最小的，可显示月相盈亏、星期、月份及日期的机

宝珀摩登复古维勒特月相半猎表

械腕表。并推出一款专门为女士设计的月相表，内藏最小的自动上链机械机芯。

1988年，制造出世界上最薄的时刻分三问报时表，并推出女士版本，成为女士三问表的唯一生产商。

1989年，创造两项世界纪录：制成世界上最细薄的计时手表和表坛史上独一无二的自动双指针分段计时表。

1990年，推出首枚及唯一可显示日期和储存八天动力的陀飞轮机械表。

1991年，宝珀创造出机械腕表中的创举"1735"型表，集六款经典计时的独特功能于一身，汇集所有最复杂的技术于一款表壳之内，堪称表坛壮举。该表的设计开发和制造耗时6年，具有无可争议的世界领先地位：此表超薄设计，740个精密零件组成具备超薄，双指针分段计时，月相盈亏，万年历，三问和陀飞轮六大经典。杰作震惊了钟表行业。

1993年，在宝珀创始人诞辰300周年纪念会上，推出7001。

1994年，推出具有100小时能量储备的2001型自动上弦运动表。

宝珀 (Blancpain)：传统契约

1995 年，宝珀历史性的一年；2001 运动系列被世界钟表行业选为 1995—1996 年的"最佳腕表"。

1996 年，首创世界上首枚内置飞返（FLYBACK）系统的女装计时表，并成为女装飞返计时表的唯一供货商。

1998 年，推出另一款三问表，设计异常复杂，并因是世界上唯一的具备防水功能的三问表而获得专利。

1999 年，在世界巴塞尔钟表珠宝博览会上，宝珀自动上弦陀飞轮双指针分段计时多菜单代表了世界上唯一的无与伦比的技术高峰。此表只有 7.75 毫米厚，27.6 毫米宽，限量 99 只。

2000 年，推出原创带八天能量储备的自动上弦陀飞轮万年历表，同年，公司推出了它的概念型 2001，带日历显示的双盖猎表。为了表示对拿破仑的敬意，同时推出一款限量的 265 超薄半猎表。

宝珀镶钻经典表款

2001 年，2385 系列女装飞返计时表以其优异的设计获得瑞士日内瓦格林彼治大奖，是瑞士有史以来唯一的钟表产品获得的殊荣。

2002 年，4053 系列获得"2002 年度腕表"公众评审大奖。

腕上迷津——精准的奢华
RIGHT TIME:EXACT LUXURIES

宝珀代表性表款

宝珀代表性表款

透明卡罗素

2003年，4082系列被奥地利权威杂志《新闻报》（Die Presse）评选为世界最佳腕表。

2004年，6263系列月相20周年纪念款限量腕表被西班牙《时代周刊》（TIEMPO）杂志评为全球最佳腕表。

2004年，4238"时间等式"腕表被评

宝珀 (Blancpain)：传统契约 071

宝珀代表性表款

选为 2004 年巴塞尔世界钟表展览会最佳腕表之唯一金奖。

2005 年，宝珀 270 周年纪念，推出限量发行 8 套神化（Apotheosis）珍藏套装，囊括机械表制作的八大复杂功能，代表钟表制作历史的又一高峰。

宝玑（Breguet）：难以忘怀的记号

> 导语：宝玑（Breguet）之所以在文化传统中占据特殊地位，均拜其品牌创始人阿伯拉罕－路易·宝玑（A.–L.Breguet）所赐，他制定的制表标准成为整个高级制表业界尊崇的金科玉律。今天，宝玑后人所制作的每块宝玑腕表仍是顶级钟表工艺的典范。

1798年4月，在即将出征埃及的几周前，波拿巴特将军从宝玑获得了三款珍贵的时计钟其中一款带日历显示的打簧旅行钟

阿伯拉罕－路易·宝玑生于纳沙泰尔（Neuch–tel），却在巴黎度过其大半制表生涯。他潜心研究制表工艺的方方面面，而出自他手的各类发明，对钟表业界均产生了深远影响。

如今，创新能力更能显示品牌活力。宝玑所拥有的创造力和聪明才智愈加历久弥新。在尼古拉斯·海耶克的带领下，品牌实力得以大大增强，在短短十年时间里，先后申请的多项设计专利，比其创始人更胜一筹。

大师的杰作

1747年，宝玑在瑞士的纳沙泰尔出生，17岁的他就已经开始在巴黎制造钟表。1775年，宝玑在巴黎开设第一家钟

宝玑(Breguet)：难以忘怀的记号

表店，同时创立了宝玑表的前身——奎伊时钟（Quaide Phorloge）品牌。凭着渊博的钟表知识和过人的技艺，宝玑吸引了当时最优秀的工匠投身门下。1780年，宝玑制造出的第一款自动上链怀表。1782年8月，宝玑又制造出一块金壳珐琅自动上链怀表，它具备了两问报时、60小时动力储存显示功能、双发条盒等功能，那是目前为止我们知道的宝玑最早的自动怀表。从那个时候起，宝玑表开始席卷整个欧洲，各国的皇宫贵族都以拥有宝玑表为荣。1793年，法国王后玛丽·安托瓦内特向宝玑订制一只怀表，她对这只表的时间与价格都没有限制，但要求

1782年，宝玑先生为玛丽·安托瓦内特王后设计了一款带日期显示的打簧自动上链表"永久（perpétuelle）"编号

必须是一只具备所有功能的最优秀的怀表。27年后，也就是1820年，一只集计时、自动、日期、报时、温度显示等功能于一身的宝玑怀表终于大功告成，其水晶表面、表背和黄金打造的表壳都镶嵌着钻石，这只怀表的问世堪称当时钟表业空前绝后的佳作，然而遗憾的是，当时订制这只怀表的法国王后玛丽·安托瓦内特却没能亲眼见到此表。

宝玑一生中有许多推动制表业前进的发明：1783年，宝玑发明了自鸣钟

弹簧，设计出有镂空圆点的指针（被称为宝玑指针）和表面上的阿拉伯数字（被称为宝玑数字）；1789年，宝玑发明了棘轮锁匙及无须润滑油也可顺畅运作的自然司行轮；1790年，他又发明了避震装置。哈勃斯堡公爵（Von Habsburg）曾如此评价他说：宝玑似乎发明了一切，以后的任何技术与设计似乎都只是他的发明的变招而已。宝玑优秀的才华让他获得当时的文艺倡导者——法国国王路易十五的赏识。

法国大革命期间，为了逃避战乱，宝玑来到日内瓦。战争结束后，他又重回巴黎，那时的他，灵感像被积压了许久瞬间爆发出来。他发明了万年历，制造出宝玑摆轮游丝、第一枚行李钟、陀飞轮标准时针、可调节军队操练步伐的计步器和天文计时器等。在这其中，宝玑最伟大的发明莫过于陀飞轮装置的发明。为了消除地心引力对手表的擒纵装置造成的影响，宝玑想出一个办法——他把整个擒纵调速系统安装在一个框架中，该框架以一定的速度不断打转，当摆轮在某一位置受到某一方向的重力影响时，另一位置将会受到另一方向的重力影响，框架不断地转动，摆轮的位置也随之改变，从而受到各个方向的影响，各个方向的影响相互抵消后就等于没有影响，这就是陀飞轮装置的运作原理，它校正了地心引力造成的误差，大大提高了钟表的准确度。1801年，宝玑为陀飞轮装置申请了注册专利。

除了极具美感和想象力的陀飞轮装置之外，在航海天文钟方面，宝玑也作出了伟大的贡献。1815年，宝玑还赢得海军的钟表制造家的美誉。宝玑

法国王后玛丽·安托瓦内特

宝玑(Breguet)：难以忘怀的记号   075

的身上有很多的荣誉，作为法国皇家海军经线及钟表学会会员，他还进入法国科学院，并荣获法国国王路易十八的荣誉勋章。人们称他为"现代制表之父"和"表王"，一些历史名人如法国国王路易十六、沙皇亚历山大一世、英国维多利亚女王、英国首相丘吉尔、普鲁士皇帝威廉一世、科学家爱因斯坦和作曲家柴可夫斯基等都曾是宝玑表的追捧者。

斯沃琪集团总裁尼古拉斯

　　1823年，77岁高龄的宝玑离开了人世，他的后人继续将宝玑的制表精神发扬光大。宝玑的第五代孙子——阿伯拉罕·路易·宝玑就是航空时计的先驱。1907年，年仅27岁的路易·宝玑制造出可以凭借本身动力起飞的直升机；1909年，他制造出第一架双翼飞机；1912年，制成了第一架海上飞机，1915年，制成了第一架轰炸机。1917年，宝玑XIV型飞机协助联军取得了第一次世界大战的胜利……在航空事业如日中天的同时，路易·宝玑并没有忘记宝玑光辉的制表历史，所以宝玑表一直坚持着为航空业提供精密的计时表，他们制造出名为恒星时间的手表，此外还开发了XI型及XII型驾驶机舱时计，现在仍在十几个国家的飞机上使用。

　　第二次世界大战结束后，法国国防部决定给空军精锐部门配备精密的计时表，并要求表的规格达到动力储存35小时以上，每天误差低于8秒，每天使用300次以上无任何故障等。宝玑按照上述规格完成了设计，并将此表定名为XX型。XX型拥有哑黑表面、大型夜光数字和指针，可旋转的外圈，其

腕上迷津——精准的奢华
RIGHT TIME:EXACT LUXURIES

宝玑博物馆

中最重要的是拥有了一按飞返起动功能（即只需按动一颗按钮，中轴的计时指针便会立即飞回起步点开始下一次计时，比多数计时表要按三次按钮的步骤简单轻松得多）。这一复杂设计即使在半个世纪之后，也只有宝玑、宝珀、天顶（Zenith）和艾美四家厂在生产。1950年，这批 XX 型（TypeXX）表得到法国技术中心认可，并在此后的二十多年都成为法国空军、航空测试中心以及海军通信部门的指定计时器。法国政府对 XX 型（TypeXX）手表的控制十分严格。每一年，这批表都要收回抹油一次。选择的保养机构位于拜占冈的官方时计运行控制中心，或委托度丹（Dodane）表厂进行。抹油测试之后的手表会在表底刻上 FG。在数字指定的日子里，又得再次将表送去抹油。

宝玑手表两百年前是怎样制作，到现在仍沿用这种工艺。宝玑最引以为豪的是其传统制作工艺的悠久历史。2002年，宝玑得到了迅速的发展，推出一系列巧夺天工的表款，其中包括一款闹铃表和一款女装钻石陀飞轮表；随后，宝玑又隆重推出经典男装表。全新开发的机芯，严格的生产标准和完美的款式，让宝玑获得了很多人的青睐。2003年，宝玑的苏醒（LeReveilduTsar）表款赢得了瑞士日内瓦钟表大赛的观众

宝玑（Breguet）：难以忘怀的记号

票选冠军。同时，飞返小秒针及能量储备显示装置的自动上链系列也获得《手表激情》（Montres Passion）杂志与《手表世界报》（Uhrenwelt）杂志读者评选的 2003 年度最佳款式。2004 年，宝玑推出脍炙人口的那不勒斯系列三针自动腕表，梨形的美钻与蛋形表圈相映成趣，再度展现了宝玑的创意美学。

如今，宝玑表的四大系列——经典（Classique）、传统（Heritage）、海洋（Marine）、XX 型（TypeXX）的"家族"在不断地扩大，唯一不变的是，每一只宝玑表都有一个专门的独立编号；另外，所有宝玑表的新型号的表壳均饰以币纹，这俨然成为了宝玑表的最大标志。几年前，宝玑被瑞士斯沃琪（Swatch）集团收购，从此焕发出新的气息。2000 年，斯沃琪集团在巴黎梵顿广场开设了宝玑专卖店和博物馆。宝玑博物馆开放之后，开始了在世界各大拍卖会上寻找宝玑表的计划，许多具有传奇色彩的宝玑表终于得以回归。2001 年 10 月，一只 1808 年生产的稀有陀飞轮怀表以 195 万瑞士法郎被宝玑博物馆购回。

2004 年 12 月，宝玑表在经过近半年的市场调查后，在大连开设了其在中国市场的首家专卖店。拥有二百多年钟表历史的宝玑表在蓬勃发展的中国市场焕发出新的光彩，在进入中国市场的短短的几个月里，宝玑表迅速创造了令人刮目相看的销量神话。如今，这个神话还在继续……

宝玑的隐秘签名

核心发明削槽避震装置

宝玑最著名的发明之一是避震装置。当手表坠落或受到撞击时，纤细的摆轮枢

宝玑陀飞轮 N°1188

宝玑特殊表款系列那不勒斯
（Reine de Naples）18K 白金腕表

轴最容易损坏。早在 1790 年，宝玑就已经把枢轴制作成短小的圆锥形。枢轴被安装在一个形状相仿、与弹簧片相连的小护罩内。当手表受到外力冲击时，枢轴未受损坏，而是滑向护罩一侧自动复位。宝玑的削槽避震装置也被称为"弹性"摆轮悬置机构，是现代避震装置及所有其他防震装置设计的前身。

打簧表

1783 年，宝玑发明了第一款音簧打簧表，取代了此前的音锤打簧表。最初，这种音簧是平直的，被安装在底板的反面，后来则环绕机芯螺旋安装。

宝玑(Breguet)：难以忘怀的记号　079

1870年，宝玑首创万年历表　　　　　　　宝玑伟大的发明之一：避震器

音簧的优点是极大地减少了打簧表的厚度，同时使音色更为温和动听。这项发明很快就被当时的大多数制表师移植应用。在同一领域，宝玑还创制了好几种用于刻钟打簧和三问打簧表以及半刻、五分钟乃至十分钟打簧表的音簧装置。1800年，他发明了小巧玲珑的折叠式扣闩打簧表（配有按动—旋转表环），可以系在挂链乃至吊带上。这一设计还确保了怀表不致意外打簧。

万年历表

以万年历命名的表就是一个实例。由佩勒莱（Abraham-Louis Perrelet）发明的自动上链机构给人们带来了很多期待。但是，如果没有宝玑的革新，这种表不可能有今天的巨大成功，尽管其造价相当昂贵。首批万年历表被玛丽·安托瓦内特（Marie-Antoinette）王后、费尔桑伯爵（Fersen）和奥尔良

腕上迷津——精准的奢华
RIGHT TIME:EXACT LUXURIES

公爵（Duc d'Orléans）购得，随后被介绍给法国王室，从而使宝玑早在1785年便声名鹊起。这些表集中了很多重大的发明。此前在机芯中央旋转的上链摆轮，现在安装在叉杆的末端，沿着底板的边缘旋转，通过一个发条提升并保持平衡。这样就可以随着佩戴者最轻微的运动进行摆动。这种上链摆轮用不到10分钟的时间就能充分上链，可确保60小时的运转动力。这种新颖的装置力度极大，有可能造成游丝的意外损坏，因此宝玑必须考虑一种在上链完成后停止上链摆轮运动的方法。在完善万年历表的同时，宝玑萌发了双发条齿轮组的创意，用于平衡作用于中心轮副齿轮上的力量，进而控制枢轴的摩擦和磨损。此外，他还采用了一种动力储存显示装置，以便于随时观察上链情况，使表在停摆前重新上链。

宝玑制表工间堪称涵盖了制表技艺的全部精华所在。有关机芯制作、部件生产和手表总装的特殊知识和技艺均凝聚于此，确保了宝玑公司产品的顶级品质

总之，早在1785年，宝玑制作的万年历表，使之成为与罗伯特·罗宾（Robert Robin）和路易·贝尔图（Louis Berthoud）一道最早使用叉式擒纵机构的制表师之一。

声名显赫的陀飞轮

倘若宝玑在世，或许会得意地看到，他那纤小的旋转发明陀飞轮居然大行其道。他在1795年创制了这一装置，以使其本已极为精确的手表锦上添花。这一创新令后来的众多制表师趋之若鹜。不过，由于陀飞轮的制作极为困难且耗费时日，因此在两个世纪之后依然属于极为珍稀的品种，在手表买

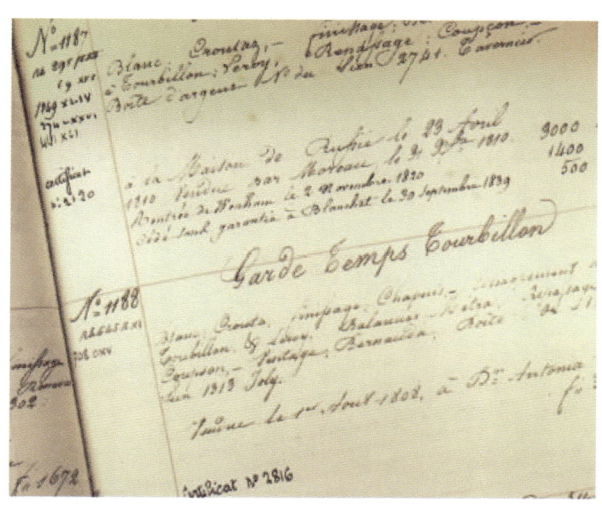

宝玑（Breguet）：难以忘怀的记号

主中极少听说。如今，陀飞轮已成为制表业的超级明星。它是制表技巧的象征，令佩戴者和制作者顿显高雅风格。陀飞轮的命运颇具讽刺意味，原先陀飞轮的最大缺点——高达天文数字的制作成本和要求苛刻的制作技巧——如今却成其为最大的资本。2004 年，共有 30 多种新款陀飞轮表问世，其中既有在高级制表业中享有盛誉的资深品牌，也有初涉表业的全新品牌。宝玑公司在这一年生产了 1000 块陀飞轮表，相当于全世界制表师在过去 200 年该装置问世后的制作总数。陀飞轮真的神奇归来了。

陀飞轮这项发明凝聚了宝玑在 18 世纪中期和晚期的一系列发明创新

宝玑发明的陀飞轮，解决了一个古老的制表难题：当手表处于不同的垂直位置——表冠的左方、右方和上方时，地心引力作用会导致摆轮振荡频率产生细微的误差。宝玑认为，他可以通过调整摆轮来消除这些误差，其方法是：使摆轮以及怀表调节器的另一个部件即擒纵机构以稳定的速度不断旋转，使调节器可以把相同的时间值准确地分配到所有的垂直位置上。这样，在某一位置产生的时间误差，就会被另一个位置产生的等值误差所抵消。为了完成这一设想，制表师在一个纤薄的笼形结构里安装了摆轮和擒纵机构，使之与机芯的第四齿轮啮合，每分钟旋转一次。"陀飞轮"的名称即源于这种旋转运动；在宝玑所在的时代，这个法语单词指的是"太阳系"（同时还有"旋风"或"漩涡"的意思）。这项发明充满了天才的创意，但在制作方面却难度极大，堪称是宝玑诸多辉煌创意中最难完成的装置。其原因之一是，陀飞轮的框架、摆轮和擒纵机构的总重必须轻如鸟羽——不得超过百分之一盎司（四分之一克）。如果陀飞轮过重，来自摆轮振荡的压力就会影响支撑陀飞轮的枢轴旋转。与此同时，陀飞轮装置必须非常坚固，足以消除摆轮振荡时

位于巴黎的宝玑精品店

所产生的计时误差。此外，修整及镶嵌微小零件（约 70 个零件）的工作极为困难，且必须绝对精确地一次安装完毕；由此不难看出，陀飞轮是对一位制表师技艺的严苛测试。

这项发明凝聚了宝玑在 18 世纪中期和晚期的一系列发明创新。在逃离法国大革命的恐怖时期以后，他在瑞士度过了将近两年的流亡生涯。当他在 1795 年重返巴黎时，带回了一大批全新的制表创意：一种新的摆轮游丝，后来被称为"宝玑游丝"，至今仍被广为应用；使佩戴者通过触摸表盖就可以知道时间的触摸表；相对简单、廉价的单指针定制表，等等。1800 年，在构思出这一概念的 5 年以后，宝玑完成了第一款陀飞轮表。乔治·丹尼尔斯（George Daniels）写道，他可能想把这第一款表作为试验品，因为直到 1832 年即宝玑去世 9 年以后，陀飞轮表才开始投向市场。

1801 年，制表师为他的"陀飞轮"调节器申请了专利。在向内务部递交的专利申请书中，宝玑写道："我的这项发明，完全可以通过补偿消除在不同的地心引力中心位置产生的误差；把摆轮运动分配到本调节器和枢轴运动轴孔的所有接触部分，使接触面在润滑不畅的情况下也能保持均衡，从而最终消除各种影响机芯精确度的误差，而本发明的技艺可以免去不断的调整，消除难以克服的误差。"

1801 年 6 月 26 日，宝玑获得了此项发明的专利。

4 分钟实验

宝玑表爱好者——在当时为数甚众；制表师正处于其声望的巅峰——不

宝玑(Breguet)：难以忘怀的记号　083

得不再等待 5 年，才得以欣赏到这一革命性的新颖机构。1806 年，在巴黎第三届也是最后一届拿破仑展览会上，制表师首次展示了他的陀飞轮装置。这个被描述为"一款可以消除任何摆轮和摆轮游丝产生的误差的表"，是宝玑及其他在法国的制表师们如罗伯特·罗宾（Robert Robin）、安蒂德·让维耶（Antide Janvier）和路易·贝尔图（Louis Berthoud）展示的大批钟表装置中最具吸引力的成果之一。

打簧报时钟表中的发音弹簧

1808 年，宝玑又在一个较小的范围内展示了陀飞轮的风采。这一年，他向约翰·罗杰·阿诺德展示了为纪念阿诺德已去世的父亲——伟大的英国制表师约翰·阿诺德而制作的陀飞轮表。宝玑和约翰·阿诺德是生前挚友，他们对彼此的技艺都非常敬重；甚至彼此都派自己的儿子到对方的工间学习制表技艺。宝玑以这款表表达了对阿诺德这位老友的深厚友情。于是，他在这款陀飞轮表中采用了两位制表师的杰作，在阿诺德制作的一款配有由计时表擒纵机构演变而来的佩托式十字棘爪擒纵机构机芯里，安装了自己制作的陀飞轮。怀表上镌刻了如下文字："与阿诺德早期杰作合为一体的首款宝玑陀飞轮调节器。1808 年宝玑为怀念阿诺德而赠予其子。"宝玑认

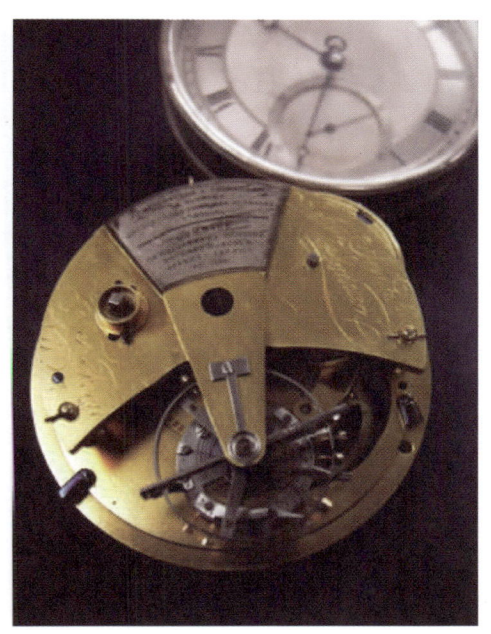

第一个陀飞轮

为这是自己的首款陀飞轮,因为他觉得1800年的那一款仅仅是模型而已。这款陀飞轮表现珍藏于大英博物馆。

在以后的几年里,宝玑(A.-L. Breguet)继续对陀飞轮进行完善。他制作了一批每四分钟而不是每分钟旋转一次的陀飞轮表。其原因如下:为了达到更高的精确度,宝玑

尽管人们对陀飞轮一直保持着浓厚的兴趣,但陀飞轮仍然只是一些技艺高超专家的独有领地

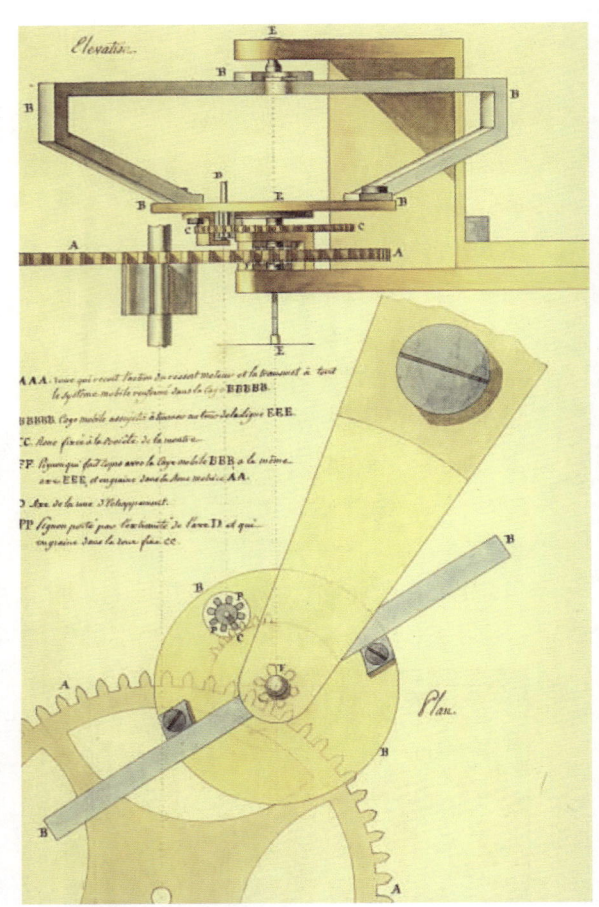

宝玑发明的陀飞轮,解决了一个古老的制表难题:当手表处于不同的垂直位置——表冠的左方、右方和上方时,地心引力作用会导致摆轮振荡频率产生细微的误差

(A.-L.Breguet)希望这些表的摆轮振荡频率为每小时21600次而不是当时的标准18000次。然而,这要求主发条具有更强的力度(必须足够厚实因而占据了更大的空间)。宝玑还制作了一些每6分钟旋转一次的陀飞轮。

宝玑（Breguet）：难以忘怀的记号　085

宝玑最早的陀飞轮大部分都配有一个宝玑自己发明的擒纵机构，人们称之为"自然"擒纵机构。最终，这种擒纵机构无法满足他的要求，他便以叉杆式擒纵机构取而代之。与此同时，他还试验过很多种机芯布局，但也未能达到理想的效果。他重新采用了最早用于陀飞轮款型的更为简单的机芯，并放弃了每4分钟旋转一次的陀飞轮框架，转而采用一分钟旋转一次的框架。

宝玑的工间在其生前共制作了35款陀飞轮表。不过，陀飞轮始终令其他制表师们痴迷不已，其中有些人——技艺最高超且雄心勃勃者——把陀飞轮视为钟表界的一座珠穆朗玛峰，一种必须面对的挑战。1828年，在首届瑞士全国展览会上，来自勒洛克勒（Le Locle）的著名制表

早期和平饭店宝玑的正门

师雅克·弗雷德里克·乌里埃展示了一款陀飞轮表。1867年，康斯坦·吉拉尔（Constant Girard）创制了一款被称为"三金桥陀飞轮"的陀飞轮，并成为其芝柏表公司的标志性产品。另一位著名的瑞士制表师阿尔贝·佩拉顿·法弗尔（Albert Pellaton-Favre）也是一位多产的陀飞轮制造者，一生共创制了82款陀飞轮表。美国人艾伯特·波特（Albert Potter）发明了一款以奇快速度每5秒钟旋转一次的陀飞轮。1894年，一个名叫巴纳·伯尼克森（Bahne Bonniksen）的丹麦人创制了一款被认为是较易制作的陀飞轮。伯尼克森的装置以"卡鲁赛尔"（karussel）的名称为世人所知晓，每52.5分钟旋转一次。20世纪20年代，德国人阿尔弗雷德·黑尔韦希（Alfred Helwig）发明了被称

为"飞行陀飞轮"的装置，与其他陀飞轮不同的是，该装置没有安装在顶端的桥上而是自由"飞行"于一端。尽管人们对陀飞轮一直保持着浓厚的兴趣，但陀飞轮仍然只是一些技艺高超专家的独有领地。然而，事情突然发生了变化。石英表的出现几乎彻底摧毁了机械表，而作为回应，自20世纪80年代末以来，机械表俨然成了彰显当今身份象征的体现。随着人们对机械表的兴趣日益增长，手表公司纷纷祭出十八般武艺，竞相展示机械表制作的神奇魅力。于是，这些手表公司必然会转而创制历史上最具挑战意义的手表机构，以显示自己的巅峰技艺。

世界各地表迷都认同每枚宝玑表不同凡响的工艺。宝玑自始创至今，每枚腕表皆有独立的编号，让收藏家确定腕表的来源和典故

今日陀飞轮

当然，这些公司中包括了发明陀飞轮的公司。今天，这个旋转的机械装置早已成了宝玑公司以及宝玑本人形象的象征。宝玑公司为纪念陀飞轮获得专利二百年而举行的盛大庆典，就是其中的一个例证。庆典选址在凡尔赛宫，是专为纪念宝玑与大革命前的法国王室的密切联系，活动包括施放焰火和演出歌剧，约有600名来自世界各地的宾客出席了庆典。然而，公司所做的远远多于为陀飞轮的历史干杯。公司坚持不懈地不断开发新款陀飞轮。宝玑表

宝玑(Breguet)：难以忘怀的记号 087

系列的复杂、多功能。家族现在拥有9款不同的陀飞轮款型（如果按金表色泽及铂金表则可供选择的款型更多）。价格范围在10万到100万瑞士法郎不等。许多款型的陀飞轮配有万年历、动力储存显示或计时码表。一种款型为镂空表盘，另一款则配有猎表表壳，其上镌有"陀飞轮"字样，因而无法看到在手表护盖下旋转的著名装置。一款男士表镶满了11克拉钻石（是该系列中最昂贵的），而一款女士表则配有贝母表盘，表圈和表耳镶钻1.31克拉。2004年，宝玑公司推出了公司首款自动上链陀飞轮。这些表的精美机芯都能透过透明的蓝宝石底盖一览无遗。在陀飞轮窗周围，镌有共和历9年获月7日专利的文字说明，使人回到了陀飞轮全新创始的日子。

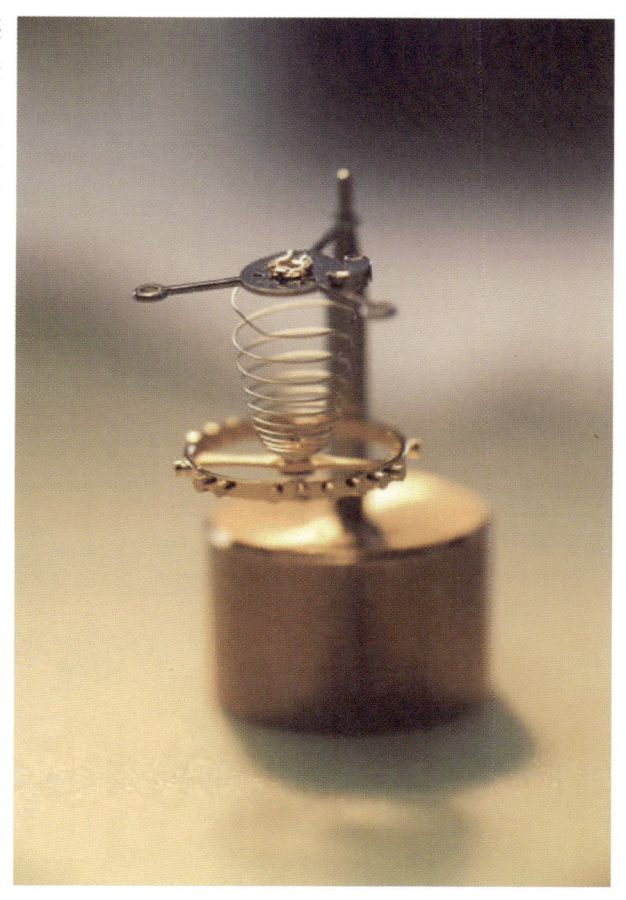

陀飞轮的发明充满了天才的创意，但在制作方面却难度极大，堪称是宝玑诸多辉煌创意中最难完成的装置

制表名厂

自1999年9月由斯沃琪集团收购以来，宝玑公司得到了全球最大制表集团的强有力支持。今天的宝玑表都是在高级机械表制作中心瑞士·瓦莱德儒制作的。宝玑制表厂——是为维系宝玑公司创造性制表传统而注入大量技术

宝玑制表厂——是为维系宝玑公司创造性制表传统而注入大量技术投资的象征和体现

  投资的象征和体现。宝玑制表工间堪称涵盖了制表技艺的全部精华所在。有关机芯制作、部件生产和手表总装的特殊知识和技艺均凝聚于此，确保了宝玑公司产品的顶级品质。

  拥有宝玑在世时绝难想象的制表工具，继承者们在宝玑工间里将先进工艺与恪守不渝的传统技术完美地结合在一起。装备的不断现代化，表明了以制作宝玑表为荣的技师们的自豪心态。怀着与宝玑同样的艺术创造激情，技师们经年不懈，精益求精地打造时计，令宝玑表始终出类拔萃，居于高级名

宝玑（Breguet）：难以忘怀的记号

表之巅。宝玑制表工间提供了人和机器和谐共存的技术氛围。一如乐队的演奏家，宝玑公司的制表师们完全遵循宝玑在两个世纪以前的风范，以自己手中的工具与时间的频率倾心交流，演绎出完美的主题华彩。尽管配备了最先进的光学手段和测定工具，制作宝玑表的男女技师们依然钟情于传统的工具，唯有如此，方能体现技师们巧夺天工的不凡手艺。制表师们始终把古老的弓床留在他们的工作台里，期望有机会找一枚需加工的枢轴再显身手。

宝玑 MARINE5839 高级珠宝腕表

手表制作分为十几个完全不同的工间。在一个工间里，金属原料经巨力压延后被切割成极小的部件。在另一个工间里，金属部件经快速振荡清洗后取出，统计数量后在机器上加工成各种形状，其误差仅允许在若干微米内。然后，即集中到无尘环境的组装和表壳安装工间里。工间里连电灯灯丝的咝咝声或纸张的沙沙声都不能允许存在；因为制表师在安装精细的部件时必须保持绝对的安静。

制作一款宝玑表的全部百余道工序，需要机敏的双手、经验丰富的眼神和对于时间运行节奏的敏感听觉。制表师们的工作性质允许他们留下自己的独特印记——或是沟槽边缘的隐记，或是圆形表面的图案，或是微妙的机器刻花图案。这些都是为了表达制表师对自己杰出技艺自豪的表现。放大镜下，纤细的部件制作成形，其表面经受了极为苛刻的检验，然后才能组装成令宝玑表熠熠生辉的复杂无比的结构。在这个标准化产品风行的世界上，宝玑的制表技艺保留了每一款手表的独特个性。宝玑表的拥有者将会体会到，自己的时计乃独一无二的个性孤品——这是唯自己才拥有的一款人工智能款技艺造就的绝世名表。

尊贵的客户们

每一个时代的名人显要都认为，一款宝玑表体现了极高的人类理想——创造力，优美，公平。世界最杰出人物佩戴宝玑表，同样因表主的风采而充满了迷人的魅力。

对于每个时代中引领时尚的作家们来说，宝玑表不仅仅是一款手表，更是一个美丽的故事。

公司的传奇档案里记录了自1787年以来售出的每一款宝玑表。在公司的宣传材料中，拮取了一部分在历史上叱咤风云的宝玑表主的事迹。

拿破仑·波拿巴将军

1798年4月，在即将出征

波拿巴将军

宝玑（Breguet）：难以忘怀的记号　091

现今的和平饭店

埃及的几周前，波拿巴将军从宝玑获得了三款珍贵的时计：一款打簧表，一款带日历显示的打簧旅行钟，还有一款自动上链万年历打簧表。未来法国皇帝的家族很快就成了宝玑表的忠实拥趸。

法国王后玛丽·安托瓦内特

1782年10月，宝玑为玛丽·安托瓦内特王后"发明、制作和完成"了210／82号手表。这是一款带日历显示的自动上链万年历打簧表。王后视之为精美杰作，钟爱不已。第二年，宝玑收到了王后卫队一名军官传达的一道令人惊讶的指令：为王后陛下创制一款囊尽迄今所有功能和发明的手表。

这无疑需要耗费难以计数的时间和费用。事实上，宝玑确实花费了很长的时间，才完成了这款编号为 160 号的手表，只是此时王后已经香销玉陨了。

温斯顿·丘吉尔爵士

温斯顿·丘吉尔爵士是宝玑表的忠诚主顾，他曾经在 1928 年买下一款宝玑表，此后多年一直佩戴在腕间。765 号宝玑表是一款宝玑出众的带飞返式秒针的分钟打簧计时表，由其祖父马波罗公爵在 1890 年买下。

后记：宝玑通过展示其在

丘吉尔曾是宝玑的尊贵客户

高级钟表及复杂功能钟表制作方面的精湛工艺，以一种现代而创新的方式令文化遗产发扬光大。许多钟表品牌均反思过去并撰写其历史，而唯有宝玑成为融贯欧洲艺术与文化的主线。宝玑以其所拥有的经典腕表瑰宝，赢得了令整个业界羡慕不已的尊贵地位。

宝玑大事记

1755 年，阿伯拉罕－路易·宝玑在巴黎的钟表堤岸开始创业。

1780 年，推出首款配备摆轮锤和双发条盒的自动上链表。

1783 年，发明三问表专用的打簧游丝。设计著名"宝玑指针"（针

宝玑(Breguet)：难以忘怀的记号

尖镂空的指针）及宝玑阿拉伯数字时符。

1786年，首款（在曲线花样车床上手工雕刻而成的）格状饰纹表盘问世。

1789年，发明棘轮上链匙，被称为"宝玑钥匙"；发明无需润滑油的擒纵装置。

1790年，发明"削槽"防震器，于1806年确定最终造型。

1795年，在给其儿子的信件中对自鸣钟（sympathique clock）作初步描述；开发万年历显示、宝玑摆轮游丝和红宝石轴承。

约瑟芬皇后怀表上的机刻纽索状珐琅装饰纹

1796年，开发并生产首款单指针表，即众所周知的"预言"表。

1798年，恒动擒纵装置获得注册专利（3月9日）；发明音乐精密时计，即节拍器发条装置。

1799年，推出"触摸"表（'tact watch'）。

1801年，"陀飞轮调准器"（'tourbillon regulator'）获得注册专利(6月28日)。

腕上迷津——精准的奢华
RIGHT TIME:EXACT LUXURIES

早期的和平饭店历史照片

1810 年，接受那不勒斯王后委托，开发首款腕表。

1812 年，首次推出偏心时圈的表盘设计。

1815 年，首次在航海精密时计上运用双发条盒。

1819 年，发明天文望远镜目镜，可测量"十分之一秒，甚至约百分之一秒"。

1820 年，发明"双秒针表"（montre à double secondes），又名观测精密时计，即现代计时表的前身。

1823 年，9 月 17 日，阿伯拉罕－路易·宝玑与世长辞，享年 76 岁。

1830 年，发明首款无匙上链表。

1834 年，配备可为腕表上链装置的"自鸣钟"获得注册专利（6 月 30 日）。

1838 年，英格兰维多利亚女皇在登基一年后购买了一块宝玑表。

1901 年，温斯顿·丘吉尔爵士购买其首块宝玑表。

1930 年，阿瑟·鲁宾斯坦购买他的首块宝玑表。

1939 年，恒星时计（sidereal timekeeper）获得注册专利（2 月 28 日）。

1972 年，精心制作多款腕表，创出全新经典系列。

1976 年，将宝玑表厂迁往双湖谷（Vallee de Joux）。从此，宝玑以瑞士为钟表生产基地。

1988 年，古典系列加入"陀飞轮"腕表，向其发明者致敬。

1990 年，推出新款附带腕表的自鸣钟，取代之前所附带的怀表，同年推出 Marine 系列。

1991 年，时间等式（perpetual equation of time）腕表获得注册专利（4 月 17 日）。

1995 年，推出 XX 型（Type XX）系列。

1997 年，配备年份瞬跳装置的直线式万年历腕表机芯获得注册专利（5 月 15 日）。

1998 年，海洋系列中加入一款计时表，配备世界上体积最小的自动上链计时机芯。

1999 年，斯沃琪集团收购"宝玑钟表集团"。

2000 年，庆祝宝玑成立 225 周年。

2001 年，庆祝陀飞轮问世 200 周年。

2002 年，那不勒斯（Reine de Naples）腕表的月相显示装置获得注册专利。

2003 年，宝玑闹铃表获得两项发明注册专利：可锁定或启动闹铃的柱轮机制以及将闹铃调整为当地时间的装置。

2004 年，钛金属摆轮获得自动上链陀飞轮机芯注册专利。

2005 年，推出传统系列。发明摆轮轴防震装置（传统系列）。全新的宝玑棘爪擒纵装置获得三项注册专利。离心敲击调节器（Grand Strike 腕表）。敲击件连预敲拨爪提升杠杆（大自鸣腕表）。

2006 年，推出配备双调准器的腕表（双陀飞轮）。发明腕表上链杆及调

约瑟芬皇后怀表上的机刻纽索状珐琅装饰纹

宝玑 Tradition 系列腕表 7057 腕表

校时间装置（双陀飞轮）。发明配备打簧机制的单发条盒机芯。推出发条盒机芯，配备经改良的盒盖扣。

2007 年，发明配备双功能闩控制杆的打簧部件；为零部件安装提升杆；推出多功能双轴调校机制。

2008 年，仅根据图片和描述，重新打造名为"玛丽·安托瓦内特（Marie-Antoinette）"的 160 号表。

宝齐莱（Carl F. Bucherer）：琉森之宝

> 导语：到过瑞士观光的人，对始创于1919年的宝齐莱（Carl Friedrich.Bucherer）这个顶级腕表品牌并不会陌生，造访宝齐莱的精品店常是旅行团的重要景点之一。象征着当时皇家制表专家名店的徽号。宝齐莱的制表师们始终为欧洲皇室及贵族定制珠宝腕表，因而享有"皇家制表师"的美誉。20世纪60年代的一款古董铂金钻石女表在当时的身价为五万瑞士法郎，可购置一座欧洲古堡。

百年历史

1668年夏天，英国女王维多利亚决定在瑞士琉森度假。于是，这个名不见经传的瑞士小城一夜之间成为全球瞩目的焦点。很快在那里铺设了铁路，圣哥达（St. Gotthard）隧道也随后建成。飞机设计师齐柏林的飞船制造技术也日渐成熟，于是琉森成为全球第一个商业飞船客运终点站。真可谓条条大路通琉森，来自全球四面八方的人士前来欣赏这座小城的自然风光和瑞士中部独特的风情。与此同时，人们对阿尔卑斯山的恐惧感也日渐消除，开始探索周围的山区。

小城迅速发展。规模庞大的豪华酒店拔地而起，蒸汽轮船在往日

象征着当时皇家制表专家的宝齐莱名店的徽号

宝齐莱(Carl F.Bucherer)：琉森之宝 | 099

安静的琉森湖畔上骄傲地来来往往。于是，技术的创新与细节的精致美妙就这样互相渗透，相辅相成。欣欣向荣的经济预示着人们对生活的美好憧憬。人人乐观向上，对未来充满信心。踌躇满志的卡尔·弗里德里希·宝齐莱也正是在此时创立了他的第一家钟表珠宝店。

宝齐莱一向喜欢激流勇进不为潮流左右。他成长在一个艺术和科技空前繁荣的时代，这赋予了他创业者的激情和才华。他毕生矢志不渝地探索追求事物的本源，渴望领悟真谛。他不仅走出了一条属于自己的道路，而且为自己和家族的未来奠定了坚实的基础。

1888年，宝齐莱与他的妻子路易丝在卢赛恩（Lucerne）的法尔肯广场（Falkenplatz）开设了第一家钟表珠宝店。他们是一对成功的夫妻：他的企业家特质、艺术家天分以及对流行走向与社会趋势的敏锐觉察力，恰与其妻子的实事求是及管理能力形成完美的互补。他们的成功，为今日我们所熟知的宝齐莱集团奠定了坚固的基础。

20世纪20年代的宝齐莱表款

企业从最初的小规模经营迅速发展壮大，速度惊人。1910年，宝齐莱的两个儿子领悟到父亲的雄心，哥哥爱德华在英国伦敦受训成为金匠，而弟弟恩斯特则在索伊米亚成为专业制表师。他们传承了父母的宽广见识，并带领公司迈向新的事业高峰。由于严守父亲的训示，他

Ref 1530是宝齐莱1975年最受欢迎的表款，具有官方认证之天文台表。

腕上迷津——精准的奢华
RIGHT TIME:EXACT LUXURIES

20世纪20年代的宝齐莱表款

制表过程图

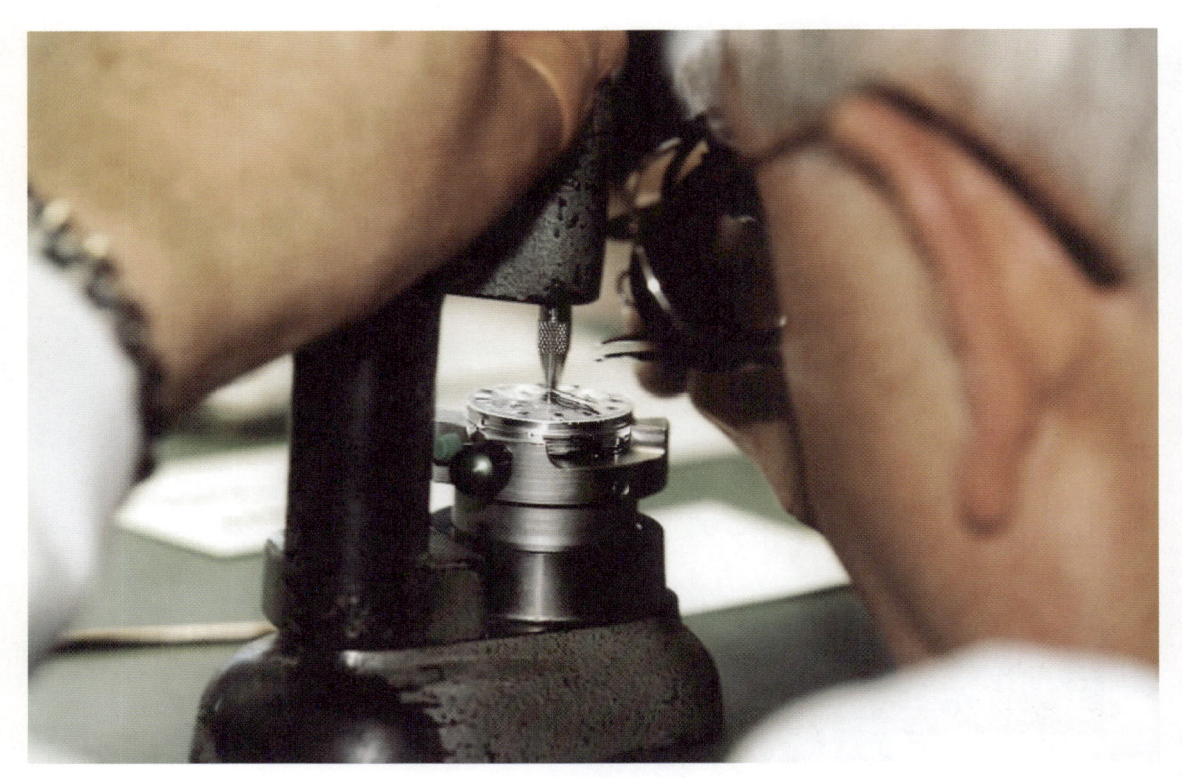

制表匠的制表过程

宝齐莱(Carl F.Bucherer)：琉森之宝

们设立的经销点遍布全瑞士。1919年，第一次世界大战结束后，宝齐莱以极富个性的创造力和激情，果断推出宝齐莱首款系列腕表。将珠宝的精细镶嵌工艺与登峰造极的腕表制作技术相结合推出了集传统制作与创新科技于一身的完美杰作。这枚创新的腕表一炮打响为企业发展奠定了坚实的基础，宝齐莱更正式建立起自己的制表厂和品牌，实现了其企业的远景。在1915年至1923年间，宝齐莱的腕表与珠宝的名气迅速地席卷了整个德国的上流社会。这是当时皇家制定名店的徽号，象征着皇家制表专家的高贵地位。

宝齐莱以贴近客户为原则，以想客户之所想为己任，积极听取各方意见，集思广益。全球各地的客户纷纷涌向琉森，宝齐莱的生活和事业也围绕着这个汇集世界各地文化的城市展开了。从此，宝齐莱的名字成为琉森的代名词。这个诞生于瑞士中心的唯一钟表品牌以其无与伦比的魅力日益发展壮大。

1933年，宝齐莱辞世。他的儿子们继承父业，继续经营深入人心的品牌和蒸蒸日上的企业。时至今日在跨国企业集团纷纷合并的时代，宝齐莱集团仍傲然保持百分百的家族企业特色。在20世纪30年代经济危机和第二次世

新旧对比

早期的里吉酒店

界大战期间，企业经历了短暂的低谷时期。但在1945年后重振雄风。

不计其数的美国士兵在返回家园之前参观了琉森，为魅力四射的瑞士名表倾倒不已。数以千计精美绝伦、手工制作的腕表从琉森远销美国，令宝齐莱美名远扬。宝齐莱迅即把握时机，于1948年推出另一杰作：大视窗日期显示计时腕表。此表款配有珍贵的金星（Venus）210机芯，成为今日金星柏拉维大视窗表款的灵感源泉。大获成功的宝齐莱得以继续投资，壮大品牌。自1962年，宝齐莱加入了著名的瑞士制表业集团，致力于研发瑞士首款大量制造的石英机芯。1967年，宝齐莱集团收购了克利多斯（Credos）位于

宝齐莱（Carl F.Bucherer）：琉森之宝 103

1939 年的古董腕表

制表匠的制表过程

瑞士制表区中心尼道（Nidau）的制表厂，并改名为宝齐莱表厂。在同一时期，宝齐莱连同其他 9 家制表商联合投资，并研发制造出瑞士第一个石英机芯——贝它 21。

1969 年，著名的贝它 21 机芯问世。此后，企业生产能力得到扩展。1968—1976 年间，每年生产近 15000 枚高度精准的天文台表。宝齐莱位居钟表业的翘楚，并在瑞士官方 C.O.S.C.天文

1948 年的腕表

台认证排名中位列全球三甲之内。

　　1971 年，宝齐莱再创辉煌，因推出奥奇米德超薄表款而备受瞩目。此款腕表配有坚固的表壳，保证防水深度达 200 米，配备世界时区的机械机芯——时至今日仍然魅力不减——是微型机件中的骄子，直至 1994 年推出的奥奇米德万年历表款才可望其项背。其复杂的运作，透过表冠设定，机芯可以实现万年历显示。

　　1978 年，宝齐莱集团更是世上首先生产具官方天文台认证之石英腕表

宝齐莱(Carl F.Bucherer)：琉森之宝

的制造商之一。2001年，宝齐莱推出另一款独家研发的机芯：CFB 1901，为柏拉维两地时间计时码表所采用，它具有计时和第二时区显示的双重功能，其独特设计成为世界之首。品牌近年推出的引人注目之作当属柏拉维三地时间腕表，这一当代风格的代表作具备前所未有的时区功能。今天品牌始终如一地恪守企业创立者的哲学理念。刻有宝齐莱名字的腕表将久负盛名，永远保持其独特无双的魅力。

近一个世纪的岁月，宝齐莱凭借着永不止息的创造力以及专业高超的制表工艺使其独特的现代设计与机械工艺能够完美地结合。宝齐莱在珠宝腕表方面也有卓越的成就，所有的宝石镶嵌都是在严谨慎重之下全手工完成，宝齐莱腕表所诠释的是高贵精致的杰作。今天集团由家族的第三代传人掌舵，他已成为世界上数一数二的钟表珠宝制造商。

宝齐莱家族1888年第一家钟表珠宝店

卡尔·弗里德里希·宝齐莱的两个儿子，哥哥爱德华(图左)和弟弟恩斯特(图右)

创办人

宝齐莱品牌的成功并非偶然，宝齐莱腕表以创办人卡尔·弗里德里希·宝齐莱（Carl Friedrich Bucherer）的名字来命名，反映了品牌在高级制表界大展身手的决心。1888年，卡尔·弗里德里希·宝齐莱于瑞士琉森市开设第一家钟表珠宝

20 世纪 60 年代的宝齐莱表款

店，至 1919 年他以广博的制表知识及技术为本，首次推出自家的腕表系列，以迎合要求严格的顾客需求。出自宝齐莱的时计别树一帜，表现出瑞士传统制表工艺的精妙。卡尔·弗里德里希·宝齐莱离世后，他的儿子们继承父亲遗志，接掌管理公司的重任。时至今日，宝齐莱集团由家族第三代传人约格·宝齐莱（Jorg G. Bucherer）统领。

经典再现

自 1888 年，宝齐莱集团已开始建立自己的零售店网络，并且从 1919 年

宝齐莱(Carl F.Bucherer)：琉森之宝

20世纪60年代的一款古董铂金钻石女表身价足可购置一座欧洲古堡

开始建立制表厂，生产时计。现今，宝齐莱集团的品牌已在国际市场树立起声望，出口数字不断迅速增长。宝齐莱近年在瑞士境外市场非常活跃，相继在欧洲、美国、中东、中国台湾、德国、泰国、中国内地、中国香港及新加坡等地上市，并深获消费者好评。

而在中国香港，宝齐莱更成为2003年及2004年

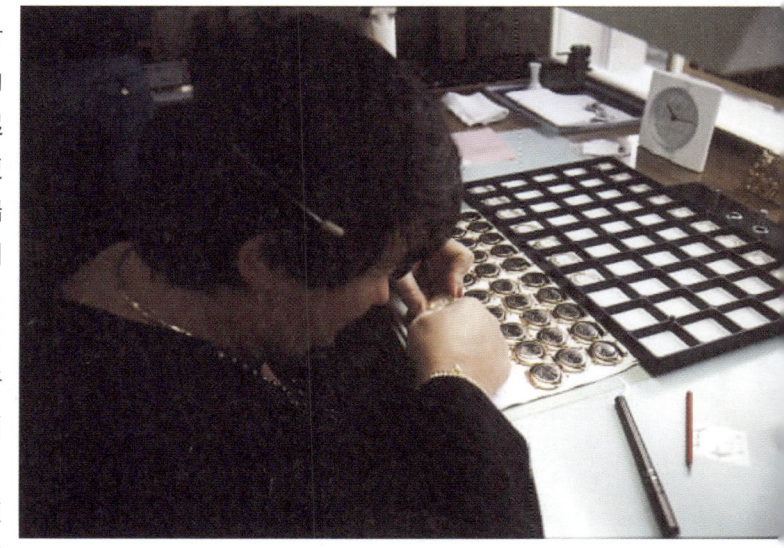

制表匠的制表过程

腕上迷津——精准的奢华
RIGHT TIME:EXACT LUXURIES

卡尔·弗里德里希·宝齐莱

香港小姐竞选大会指定手表，也是2003年王菲演唱会的主要赞助商及多个演唱会的指定手表，风头可谓举世无双。宝齐莱一向致力于开发精密机械腕表，在云云腕表系列中奥奇米德系列甚为出众。

奥奇米德18K玫瑰金万年历月相自动表是一只持久运行、永恒不息的手表。它的机械精确细致，报时格外精准，更有月相盈亏显示及自动因应闰年而调校长短月份日期的功能。此外，当手腕活动时，自动盘可帮助手表自动上链。加之其透明表底，机芯运作一目了然。

特制防水胶圈及旋入式表冠，可防水30米。因为其制作相当复杂，每年只可生产25枚。奥奇米德系列是宝齐莱设计师最优秀的设计，标志着宝齐莱制表设计的新里程。它的优势在于精炼细致的结构、亘古永存的设计，在潮流中领夺先锋，带给佩戴者一份永恒的美丽。奥奇米德正代表了宝齐莱自1919年以来，对钟表技术的执著，对细节的研究和精益求精的决心，不折不扣地表达出"不随波逐流"的品牌理念。宝齐莱不单是名贵腕表的代号，更表示出顾客的生活哲学。

全新的雅丽嘉系列绝对让人惊叹：手工纤细的表壳，色泽悦目的腕带以及闪烁耀眼的美钻，让时间从容不迫地沉醉于愉悦的气氛之中，更能让温婉成熟的女性增添雀跃动人的气息。尽显女性妩媚的曲线，表壳配上18K黄金、18K白金或精钢，在温柔中渗入瑰丽。两款不同的钻石镶嵌工艺，更让夺目耀眼的美钻散发万丈光芒，令人目眩神夺。而全手工钻石镶嵌的技术，让此系列腕表更显尊贵。雅丽嘉备有各种不同色彩及雍容华

宝齐莱（Carl F.Bucherer）：琉森之宝

贵的表带以供配衬，让各位女士尽显典雅高贵的情操而又不失个人风采。雅丽嘉力臻完美的美学标准，确能令每位拥有内涵的女士深深着迷，恋栈不已。

卡尔·弗里德里希·宝齐莱先生

宝齐莱身份的象征

雅丽嘉已被定为宝齐莱的重点系列，实为极富收藏价值的经典腕表。

在 2004 年，在纪念泰国皇后诗丽吉（Sirikit）72 岁寿辰之际，泰国政府举行了一个"女皇慈善基金筹款晚会"。同时，泰国正准备为女皇献上一份独一无二而且别具特色的礼物。经过多番考虑，他们挑选了宝齐莱为女皇设计一款"雅丽嘉泰国皇后腕表"。全世界仅此一枚，专为泰国皇后制造。在宝石挑选及镶嵌上，设计师花了不少心思。手表以 18K 白金制造，共镶嵌 354 颗 VVS 钻石（共重 7.49 克拉）、282 颗一级红宝石（共重 7.26 克拉）。表壳两侧的红宝石色泽由深至浅，表面与表带上镶嵌着两种色彩的红宝石再配上闪闪美钻，巧妙地制造出惊艳的立体感，雍容华贵。每颗宝石均由手工镶嵌，此表价值逾人民币 200 万元。

以此为灵感，宝齐莱荣耀推出雅丽嘉"皇家"系列。四个款式分别以

泰国皇后诗丽吉非常喜爱这枚世界上独有的宝齐莱"雅丽嘉泰国皇后腕表"

腕上迷津——精准的奢华
RIGHT TIME:EXACT LUXURIES

约格·宝齐莱

蓝宝石、红宝石和橙宝石还有非常罕有的祖母绿宝石作为主题，18K 白金表壳镶嵌 606 颗顶级韦塞尔顿 VVS 钻石及天然一级宝石，全手工钻石镶嵌工艺。四款雅丽嘉"皇家"系列凝聚了宝齐莱百年精湛制表技术及传统珠宝工艺，师出名门，帝王风范自然流露，售价更是以 148 万元人民币起，绝对属于收藏级珍品。各限量生产 25 枚，见证着表厂造诣更上一层楼，璀璨奇珍，傲视同侪。

宝齐莱品牌之所以如此卓越不凡，除了家族经营的哲学理念之外，他们的自信、勇气和商业眼光功不可没。这种勇夺先锋的气魄和独立自主的信念

宝齐莱(Carl F.Bucherer)：琉森之宝

成为公司的传统。宝齐莱自始至终保持着家族企业特色，这在瑞士钟表业可谓凤毛麟角。品牌历经八十载变迁，各款腕表依然保持统一特色：全程采用手工制作，一丝不苟，精益求精，完美体现精工细作的卓越本色。杰出的设计不落俗套，保持恒久魅力。精良的传统工艺与追求完美的执著精神相互辉映，创造出名副其实的宝齐莱腕表精品。自 1919 年推出首款腕表系列以来，品牌世代相传，长盛不衰。巴黎现代装饰和工业艺术品展览给 30 年代的艺术创作带来深远影响，形成著名的装饰艺术风潮。在此时期，远见卓识的宝齐莱和他的儿子们艺术灵感勃发，采用精致铂金和名贵钻石设计出女装腕表，为品牌赢得经久不衰的声誉，奠定了家族珠宝工业先锋的地位。

马利龙逆行表款

宝齐莱经典表款之一

宝齐莱集团及品牌理念

早在 1969 年，宝齐莱已是制造出著名的第一只石英机芯 Beta 21 的厂商之一。1978 年，宝齐莱更成为首家制造具备天文台（C.O.S.C）认证石英表的厂商，宝齐莱一直以来都担任瑞士官方天文台计时测试组织的高阶职位。2007 年 7 月，宝齐莱收购位于圣十字 (Ste-Croix) 的制造工坊以研发与制造腕表机芯，大幅度提高品牌的市场定位，并于 2008 年巴赛尔表展推出自制机芯 CFB A1000，由此跃身为顶级市场表厂。

身为瑞士中部唯一的制表业者，也是目前瑞士少有的百年家族经营品牌。宝齐

马利龙逆行表款

仅此一枚的宝齐莱泰国皇后腕表

宝齐莱(Carl F.Bucherer)：琉森之宝

马利龙万年历

莱秉持传统制表的优良传统，以专业时计的制造能力与巧夺天工的珠宝镶嵌工艺，无论细致的设计，还是上乘材料的挑选，甚至永远坚持手工镶嵌每一颗顶级美钻，都深深透露着宝齐莱对珠宝以及腕表的热诚和超卓的工艺，得到全球市场与国际间客户的肯定。

宝齐莱一直秉承传统，在高级时计市场推出顶级机械腕表及尊贵女装珠宝腕表。腕表的吸引力在于创新的技术、实用的附加功能、独特的设计和精挑细选的材质。宝齐莱的三大系列：柏拉维（Patravi）、雅丽嘉

腕上迷津——精准的奢华
RIGHT TIME:EXACT LUXURIES

尼克松参观宝齐莱店铺

(Alacria)及马利龙(Manero)将品牌对完美的执著及制作优美时计的执著展露无遗。柏拉维系列的价值在于将创新的技术、精密复杂的功能与个性化的设计完美结合。马利龙系列以简洁典雅的气质配合卓越的技术与实用的功能,堪称现代时计经典。女装雅丽嘉系列线条优雅流畅,成为许多表款的指标,反映宝齐莱设计及珠宝表的制作造诣。每一枚宝齐莱腕表都是独立个性、完美细节及顶级质素的象征,为佩戴者毕生追求的佳品。宝齐莱腕表蕴涵奢而不华的价值,为懂得享受生活、拥有清晰生活目标视野及欣赏原创意念的男女而设。

三代相传、家族经营的宝齐莱集团于2001年跨进新里程:集团决心以更现代化的营商策略,将1919年以来的精湛制表技术发扬光大,将宝齐莱腕表品牌正式定位并推出市场。宝齐莱

宝齐莱先生与劳力士品牌的威尔斯多夫先生

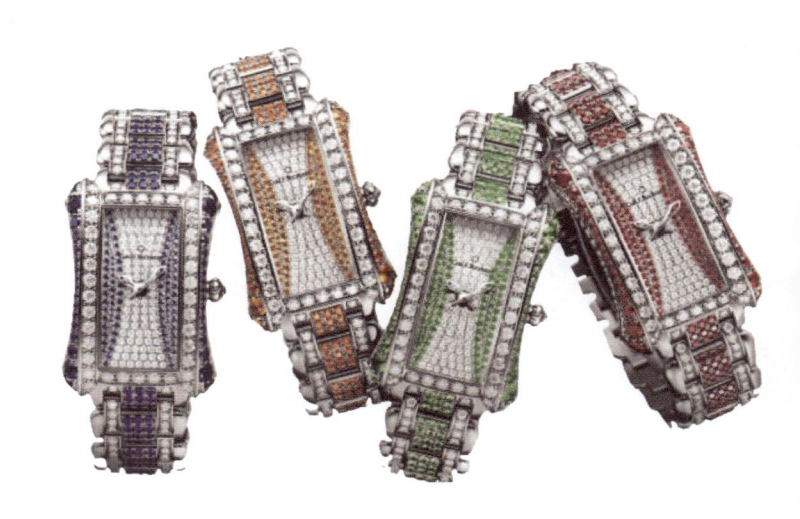

宝齐莱(Carl F.Bucherer)：琉森之宝

是瑞士中部唯一一家腕表制造商，主要制作及分销高级男女装腕表，亦是宝齐莱集团第二项核心业务。宝齐莱品牌隶属宝齐莱表厂，虽是宝齐莱集团中的一个业务，但品牌仍坚守独立营运的哲学，以确保品牌的鲜明独立个性。宝齐莱目前海外雇员人数达100名，由行政总裁托马斯·莫尔（Thomas Morf）率领，肩负起品牌管理及产品研发的重任。

宝齐莱雅丽嘉皇家系列全球限量珠宝腕表

管理层向国际市场推广宝齐莱腕表的同时，仍坚守其独立个性及高质素的定位，所以销售网络以贵精不贵多为宗旨，尤其着重分销伙伴的声誉。宝齐莱在个别重点市场建立分公司，更有效地实行总公司的策略。该分销策略与生产计划同步实施：2001年，宝齐莱于比因(Biel)附近建立制表厂，同年开设中国香港分公司，自此品牌在远东地区的知名度与日俱增：继中国香港及台湾分公司后，日本分公司也于2007年成立。目前，宝齐莱一共开设了五家海外分公司，分别设于德国、中国香港、北美、中国台湾及日本。宝齐莱除了直属公司外，其余市场的分销事宜则交由优秀的代理商执行。宝齐莱挑

宝齐莱位于瑞士的总店

腕上迷津——精准的奢华
RIGHT TIME: EXACT LUXURIES

选代理伙伴时极为严格，确保代理商拥有完善的国际分销网络，以进一步提升品牌的知名度。

卡尔·弗里德里希·宝齐莱是一位极为独特的人，勇于偏离旧有的规范，坚持走出不一样的路。透过创意、对独立自主的追求，以及纯粹的热忱，他开创出成功的一片天地，也创作出多款不凡的腕表作品。他精巧地结合了传统的价值和创新的点子。之后宝齐莱品牌延续了这些理念，并将这些理念融入进品牌核心价值。对于宝齐莱而言，多年的经验与传统的技巧，是品牌的基石，让它能够以智慧运用最新的科技，造就最完美的作品。2008年标志着宝齐莱制表发展的新里程：宝齐莱由此开始自行生产机芯，向更高层次的制表目标迈进。为此，宝齐莱正式收购了位于瑞士汝拉山区圣科瓦的著名复杂机芯生产商"制表技术应用"[Techniques Horlogeres Appliquees(THA)]。宝齐莱与制表技术应用合作已有10年之久，将之收纳旗下实属明智之举。制表厂

宝齐莱自制机芯 CFB A1000

创始人卡尔·弗里德里希·宝齐莱

宝齐莱(Carl F.Bucherer)：琉森之宝

品牌坚持每一颗宝石均由手工镶嵌，近百年历史始终不变

古董腕表系列

已融入宝齐莱的大家庭，并正式命名为宝齐莱科技中心，肩负起研究、开发及生产的重任。21世纪制表厂雇用约20名员工，预约20名员工，预计数目将逐步增加。宝齐莱与THA由2005年起开始合作研发一款质素超群的自动上链机芯，命名为CFB A1000，并于2008年巴塞尔钟表展中亮相。

关于宝齐莱的报纸

　　时至今日，宝齐莱集团已是世界数一数二的钟表珠宝制造商，业务遍布

腕上迷津——精准的奢华
RIGHT TIME:EXACT LUXURIES

全球，主要业务包括钟表珠宝零售、珠宝制造（拥有自家厂房）及钟表制造。凭借强大的销售网络及1300多名经验丰富的员工，宝齐莱集团已是国际知名的腕表品牌，其在瑞士琉森的旗舰店更是旅客必到的经典之一。

后记：拥有近一个世纪的高级钟表制表历史，宝齐莱，以创始人的名字命名，旨在纪念创办人的成就与创业的精神，代表不妥协的质量、顶尖的美学与时尚的设计，结合最精致的制表工艺与卓越的珠宝质量。三大旗舰腕表系列：柏拉维、雅丽嘉及马利龙将品牌对完美的执著及制作优美时计的执著展露无遗。对于宝齐莱而言，百年的积累与传统的工艺是品牌的基石，让它能够以智慧运用最新的科技，造就最完美的腕表作品，供世人珍藏。

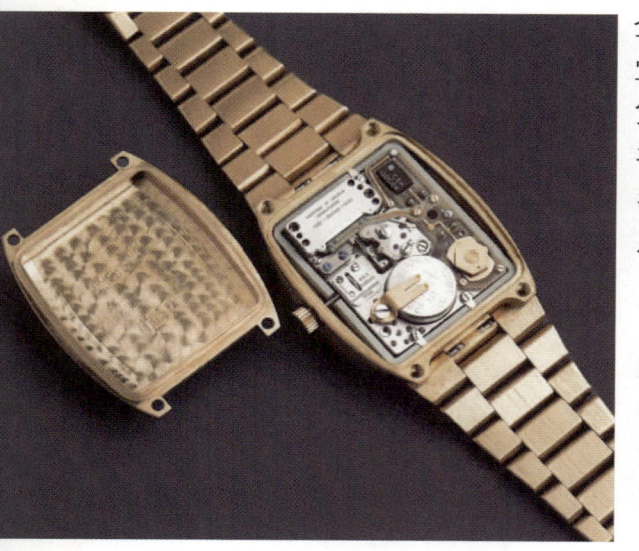

瑞士第一个石英机芯—Beta 21

宝齐莱大事记

1888年，宝齐莱与他的妻子在卢赛恩的法尔肯广场开设了第一家钟表珠宝店。

1910年，宝齐莱的两个儿子领悟到父亲的雄心，哥哥爱德华在英国伦敦受训成为金匠，

1935年的古董腕表

宝齐莱(Carl F.Bucherer)：琉森之宝　119

制表匠的制表过程

而弟弟恩斯特则在索伊米亚成为专业制表师。他们传承了父母的宽广见识，并带领公司迈向新的事业高峰。由于严守父亲的训示，他们设立的经销点遍布全瑞士。

1915—1923年间，宝齐莱的腕表与珠宝的名气迅速席卷了整个德国的上流社会。这是当时宝齐莱名店的徽号，象征着皇家制表专家的高贵地位。

1919年，正式建立自己的制表厂和品牌，实现了其企业的愿景。

1967年，宝齐莱集团收购了克利多斯位于瑞士制表区中心尼道的制表厂，并改名为宝齐莱表厂。在同一时期，宝齐莱连同其他9家制表商联合投资，并研发制造出瑞士第一个石英机芯——Beta21。

1968—1976年间，宝齐莱集团位居钟表界的翘楚，并在瑞士官方C.O.

腕上迷津——精准的奢华
RIGHT TIME:EXACT LUXURIES

20世纪30年代宝齐莱 Art Déco 铂金钻石女装手表

S.C.天文台认证排名中位列全球三甲之内。这期间，宝齐莱集团每年生产近15000只具有 C.O.S.C.天文台认证的腕表。

1978年，宝齐莱集团成为世界上最早生产具官方天文台认证之石英腕表的制造商之一。

制表过程

宝齐莱(Carl F.Bucherer)：琉森之宝

马利龙万年历计时码表

法兰克·穆勒（Franck Muller）：低调的奢华

> 导语：尽管是腕表界的经典品牌，法兰克穆勒（Franck Muller）却一直乐于将制表工艺与无限创意融合在一起。酒桶型的表体和形象以及夸张的数字刻度是法兰克·穆勒的品牌特色和象征。

自1938年以来，法兰克·穆勒的创作让业界同仁、专家及收藏家齐声赞美。秉承向来的卓越成就，他仍将不断追寻机灵敏锐的杰作，精益求精，力臻完美，务求令自己的名字与钟表史上的前辈大师并驾齐驱。

成长经历

于20多年前创办手表珠宝品牌法兰克·穆勒的法兰克·穆勒先生，本身是一位拥有丰富经验的表匠，曾在多间著名手表品牌厂工作。在瑞士表坛上

法兰克·穆勒钟表世界

法兰克·穆勒(Franck Muller)：低调的奢华

充满田园诗意的魅力村庄 GENTHOD

短短的 20 多年光景，已使手表设计美学和精密工艺取得开拓性的影响，而法兰克·穆勒本人更赢得"钟表大师"的美誉。法兰克·穆勒的产品，由最初以酒桶外形及装饰艺术（Art-Deco）表面设计为主，演变至近年在特色机械功能上，愈来愈疯狂地大胆创新求变。

法兰克·穆勒是一位有着丰富经验的表匠。酒桶形的表体形象以及夸张的数字刻度是法兰克·穆勒的品牌特色和象征。酒桶形表体在全球掀起的复古情感，使得法兰克·穆勒声名鹊起。虽然该品牌仅有短暂的历史，但已经成为腕表品牌的经典。

法兰克·穆勒秘密时间（Secret Hours）腕表

法兰克·穆勒(Franck Muller):低调的奢华

法兰克·穆勒白天和夜晚(day and night)组合

从1983年开始,法兰克·穆勒凭借他的干劲及天赋,成为瑞士制表艺术复兴运动背后的一股原动力。在过往的20余年,法兰克以多项世界第一的头衔和专利发明,加上各项挑战及重大的成就,令大家目不暇接。而这令人赞叹不已的复杂制表技术及审美艺术,深受世界各地的腕表爱好者的热烈追捧。

在1983年,经过数月的研究和测试,法兰克·穆勒开始了一年一次的世

腕上迷津——精准的奢华
RIGHT TIME:EXACT LUXURIES

法兰克·穆勒 Master Square 黑白方表

界首演，天才钟表匠推出了他的发明。

而1992年对于法兰克·穆勒具有里程碑式的意义。这位才华横溢的企业家建立了自己的公司，即日内瓦法兰克·穆勒（Franck Muller Geneve）。坐落在名叫根托德的农村，日内瓦的妩媚与诗意般的环境，激发了他的创作灵感。极端的宁静与祥和的和谐环境的探索，反映出完美的创造者。

1995年是法兰克·穆勒重要的一年。这一年，法兰克·穆勒忠实地保留原有工厂，并在原址的基础上修整。短短几个月的时间，法兰克·穆勒这个品牌就拥有了众多神奇性的突飞猛进。

每一年都会发表一只世界首创且独一无二之复杂功能腕表，世界各地的收藏家都争相预订抢购。1995年，法兰克·穆勒推出的精心之作，更是让人眼前一亮。正面（白天专用）——结合了陀飞轮、追秒、万年历、24小时显示、星期显示、月相盈亏、表室温度、逆行月份时差程式等功能。背面（夜晚专用）——镂28d罩透明表盖，独立之时分针，可清晰透视手工雕花之机械内部构造。四周镶嵌68颗VVS1级方钻。此表费时两年的研究、设计与打造才得以完成。

1998年，法兰克·穆勒再次超越收藏家最美妙的梦想。制造了令世人震

法兰克·穆勒(Franck Muller):低调的奢华

法兰克·穆勒白色的秘密小时(Secret Hours white)

惊的一系列作品。钟表世界是一种全新并致力于世界手表业发展的形式，它不仅延续了传统工艺，还使公众发现这一引人注目的领域，因为它完全是对所有人开放的。

1998 年的另外一个里程碑，便是第一次世界钟表制造奢侈展览。这个展览，是钟表行业中最好的，并且还将最好的计时器工艺展现在世人面前，吸引了众多人的目光。2001 年，法兰克·穆勒揭开了它神秘的面纱。在日内瓦根托德村的私人花园中，法兰克·穆勒集合所有手表制作流程：设计、创作、工程、研究与开发、原型、运动、冲压件，以制表业、售后服务部门等，供法兰克·穆勒钟表世界的游客自由参观所有过程。神秘的制表业得以呈现出它本来的面貌。这也是有史以来第一次允许世人如此亲密地接触手表世界的秘密。

法兰克·穆勒的代表作 Secret Hours

为了巩固酒桶型腕表品牌的领导地位，法兰克·穆勒目前共有 8 个酒桶表盘尺寸。2004 年又推出了卡萨布兰卡（Casablanca）10 周年限量版。该款

法兰克·穆勒(Franck Muller)：低调的奢华

式的巨型表面设计，比一般卡萨布兰卡更具皇者气派，由法兰克·穆勒所掀起的复古酒桶型腕表旋风，以及颠覆传统表面的彩色数字，让法兰克·穆勒在近年来大放异彩，再加上专业的制表工艺，使得法兰克·穆勒迅速得到众多腕表收藏家的青睐。

制表大师

我们深知，在每一位成功人士的背后，总是蕴藏着对于挚爱的事业的原动力，在助他缔造显赫成就之余，更驱动他不断努力勇攀高峰，对于瑞士天才铸表大师法兰克·穆勒而言，这股原创激情更是自幼萌芽，为他带来无穷无尽的创作灵感。

法兰克·穆勒的创始人法兰克·穆勒先生

法兰克·穆勒作为一名钟表工匠，他的职业生涯真可谓前无古人后无来者，因为他的事业既不能按时间段来划分，也不能按年代顺序描述。法兰克·穆勒的个人历史可追溯至1958年，那年他出生于瑞士的拉夏德芬，母亲是意大利人而父亲是瑞士人。从很小的时候，他便开始对机械装置产生了浓厚的兴趣。没多久，年轻的法兰克·穆勒开始拆卸所有在屋子里面的机器去研究他们的"心"。10岁时，他已对周围的各种不同艺术作品拥有敏锐的触觉，并引发他经常流连于二手市场及古物店，追寻一切别具创意的独特佳作。热

腕上迷津——精准的奢华
RIGHT TIME:EXACT LUXURIES

法兰克·穆勒精品店外观

衷于各类艺术之演进发展，这位业余爱好者往往将兴趣灌注于追溯发明品的整段进展历程，从诞生、演进至当代款式的分析。好奇心不断驱使年轻的法兰克·穆勒收藏大量瓷制广告图片，包括日积月累的多幅照片及无数古典宣传品。不单如此，他更将所有空余时间投入任何可供他亲手研究的机械物品，经过小心解剖、分析然后重新组合。正是这股永不满足的好奇心及迷恋，为他日后的成就奠下了重要基础。十几岁的时候，法兰克·穆勒开始从跳蚤市场收集古董占星乐器，开始研究时间和力学方程，逐渐揭开关于时间的自然奥秘。最初法兰克想成为一名地砖制作工匠，因此他进入了贸易学院，但很快他发现自己的选择并不适合自己。15岁的一次际遇，竟为法兰克·穆勒带来对其一生影响深远的转折点：因为当年他发现了多彩多姿的钟表技艺，从此义无反顾，矢志将毕生精力奉献给精密的时计工艺。不久法兰克·穆勒进入了誉满全球的日内瓦钟表设计学院学习，让他的天赋才华得以进一步发挥。即使在这段求学时期，法兰克·穆勒已经锋芒毕露，佳作如林，经常脱颖而出夺取各项大奖，其中一项奖品为刻上其名字的劳力士蚝式型腕表。荣获这项奖品的优胜者一般多将其珍藏起来，但法兰克·穆勒却将之拆卸分析研究。当他重新将蚝式腕表装配妥时，手表早已脱胎换骨，加注了他的

法兰克·穆勒精品店

发明：逆行万年历，成为历史上首枚装置逆行机器的劳力士蚝式型万年历表。

不过这只是法兰克·穆勒跨进钟表界飞跃之旅的首站。在学院修读3年后，这位年轻的制表技师转而钻研古代腕表，并继续试验更复杂精密的技术。凭着卓越的才华，他再次享誉古典表坛，荣获各方信赖，负责修复现存钟表史上价值连城、珍贵非凡的古董手表，赢得多位显赫私人收藏家的信任及赏识，加上长年累月的努力及技艺积累，法兰克·穆勒开始拥有了名气。法兰克·穆勒凭借着经常鉴赏研究收藏家的各款名表的宝贵经验，燃起创作意念，构思全新的腕表机械设计，他于是决定自行创业，生产以自己

腕上迷津——精准的奢华
RIGHT TIME:EXACT LUXURIES

法兰克·穆勒酒桶形的代表作

为名的腕表。他发现自 19 世纪以来，历史上罕有而珍贵的腕表在机械设计方面进展是极为缓慢的。其实值得称道的腕表创新机械设计犹如凤毛麟角，这更促使他要闯一番事业面对挑战，必须发展各种崭新技术及创意，包括将手表机件微型化等，而这方面正好让具有无穷创作力的法兰克·穆勒得以发挥。自 1983 年以来，法兰克·穆勒的创作让业界同仁、专家及收藏家齐声赞美。秉承向来的卓越成就，他仍将不断追寻机灵敏锐的杰作，精益求

法兰克·穆勒(Franck Muller)：低调的奢华

法兰克·穆勒玫瑰金与白金腕表

腕上迷津——精准的奢华
RIGHT TIME:EXACT LUXURIES

精，力臻完美，务求令自己的名字与钟表史上的前辈大师并驾齐驱。

面对挑战，法兰克·穆勒凭借他的干劲及天赋，成为瑞士制表艺术复兴运动背后的一股原动力。在过往的20年，法兰克·穆勒以多项世界第一的头衔和专利发明，加上各项挑战及重大的成就，令大家目不暇接。而这令人赞叹不已的复杂制表技术及审美艺术，深受世界各地的腕表爱好者的热烈追捧。每一年法兰克·穆勒都会发表一只世界首创且独一无二的复杂功能腕表，世界各地的收藏家争相预订抢购。

法兰克·穆勒女装腕表

田园诗般的表厂

根托德是一个充满田园诗般的地方。而它便是法兰克·穆勒的制表中心。在汝拉山乡村的山坡上，俯瞰北部海岸的根托德村，湖光山色，风景异常秀美。左岸威风凛凛的勃朗峰和阿尔卑斯山奇妙景观的结合，让根托德村笼罩着一层神秘的色彩。在不同时代，对于根托德，许多著名的人物包括杰出学者、艺术家都给予根托德不同的影响。随着时间的推移，他们都倾倒在了根托德及其周围美丽的乡村之下。这就是为什么法兰克·穆勒会在此留下如此辉煌的建筑，以及无价的社会文化遗产。

法兰克·穆勒(Franck Muller): 低调的奢华

1986年,法兰克·穆勒定居于这座美丽的村庄。同时,这也促使他在这个溢满灵感、风景秀美的村庄建立自己的制表有限公司。因此,公司也进入了一个新的转折点。1995年这里成为世界上独一无二的制表空间。

为了适应惊人增长的高档腕表需求,法兰克·穆勒制表公司于1992年成立。并于1995年,将法兰克·穆勒公司的行政总部搬迁至日内瓦附近的根托德庄园所在地。这座著名的根托德建筑设计是由20世纪初期的著名建筑师

夜幕中的 GEVENE

爱德蒙亲自完成。在日内瓦湖和勃朗峰下,两个全新的建筑横空出世。全新的庄园,在各个方面都尊重原有的建筑风格,经典的空中花园保护原有建筑的全景,成为和谐发展的载体。正是在这样的优雅气氛中,法兰克·穆勒打造了一款款手表中的极品。

法兰克·穆勒的精心之作

法兰克·穆勒之所以能够扬名立万，全靠他不断追求探索，拓展高级复杂腕表的极限。

"疯狂时间"（Crazy Hours）无疑成为法兰克·穆勒的代表作之一。法兰克·穆勒于 2001 年相继发表了长岛（LONG ISLAND）900，1000 及 1100 系列之后，随后再度推出长岛的旗舰表款 1200 系列。长岛系列是法兰克·穆勒以 20 世纪二三十年代在建筑美学上流行的装饰艺术风格，以及表壳几何图形和表面富有装饰线条的数字，让这种源自法国巴黎，对后世影响甚大的美学风格，在方寸之间一窥全貌。"疯狂时间"

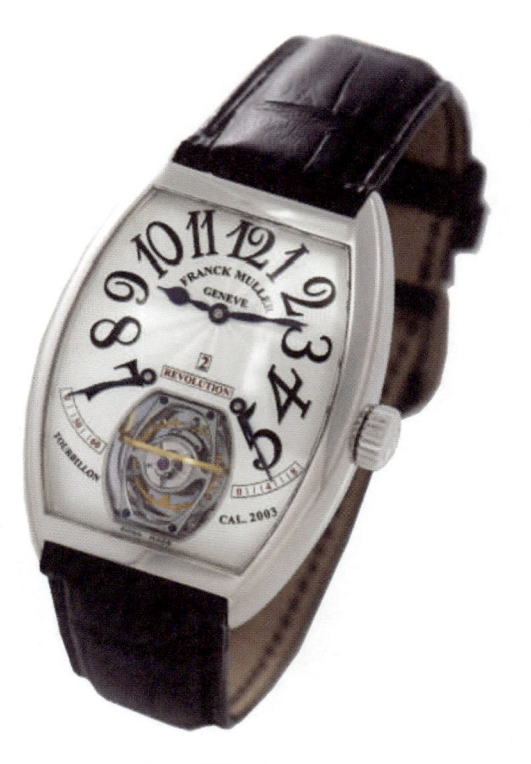

疯狂时间腕表

表盘上的阿拉伯数字排列方式，将固有的表盘显示定律完全打破。"疯狂时间"绝对名副其实。酒桶形的表盘上依然将 12 个装饰艺术式的阿拉伯数字整齐排列，但是数字的次序并非将 1—12 顺时针方向排列，其实背后隐藏着法兰克·穆勒制表工匠的一份独具匠心。疯狂时间腕表，则将法兰克·穆勒的高超制表工艺与无限创意的融合推向另一高峰。

制表大师法兰克·穆勒先生认为时间是一道严肃的课题，它有着不可改变与动摇的规律；另一方面他认为时间也有其有趣的一面，因此他在不违反时间定律的前提下设计了这枚"疯狂时间"腕表。虽然表盘上装饰艺术式阿拉伯数字经过重新排列次序，读取时间则完全没有难度：分针依照顺时针转动，显示分钟的方位；而关键则在于显示小时的飞返时针之上，只要看着这根时针所指的阿拉伯数字，便可立即知道时间：如相中腕表的时针指着"10"，

法兰克·穆勒(Franck Muller)：低调的奢华

即10时；分针的看法不变，即10分；当分针转完一圈（即"8"字），时针会立即由"10"飞返至3时位置的"11"，立刻显示11时的时间。运用表盘上数字玄妙的排列，加上法兰克·穆勒一向引以为豪的精密机芯，最终创制出这一枚精密腕表，这份精神实在令人钦佩。

"疯狂时间"的放射扭索纹表盘以上精工打磨多个装饰艺术阿拉伯数字暗花作点缀，在不同光线及角度之下来看，时隐时现，亦真亦幻，令这枚腕表更添趣味。

为了让世界重添色彩，一洗"911"事件后久久挥之不去的阴影，法兰克·穆勒

简洁的设计同样是复杂腕表的代表佳作

特别设计了一款展现人生乐趣的新腕表彩梦（COLOR DREAMS）。这种新设计能让你重温昔日无忧无虑、充满欢声笑语的日子。彩梦的精粹主要反映在设计清晰的表面之上。除了以往一直沿用的法兰克·穆勒标记贝母及瓷之外，腕表特别加入大量色彩。镶在表面上的数字，每个颜色都不同，色彩按表面的主调颜色而变化。

法兰克·穆勒复杂功能腕表

创造于日内瓦工坊的复杂功能腕表可分为三类:极致复杂功能腕表、高级复杂功能腕表和玩赏复杂功能腕表。

每年在法兰克·穆勒集团制表总部根托德所独立举办的世界高级钟表新品发表会上,展览中所发表的都是全球最为复杂的表款,通常亦是世界首创,其中更以永恒(2006)和超永恒(2007)这两款腕表系列的成就令人激动。这两个划时代的创作表现了所有的研究成果,尤其是专注于结合众多令人惊讶复杂功能的呈现,以及延续法兰克·穆勒制表工艺中最为精致的复杂功能代表——陀飞轮。

创作永恒,法兰克·穆勒孕育出了5款不朽的腕表巨作,以曲线腕表(Cintrée Curvex)为外观描绘的自动上链腕表。最为精湛的工艺其中含括了20种的复杂功能。永恒的万年历,有别于传统的万年历,周延考虑到格里高利日历(Gregorian calendar)所制定的所有年份只有能被400除尽时才算闰年的例律。

2007年,永恒更令人难以置信地增加了大小自鸣功能和搭配西敏寺钟声的四槌三问功能:这就是超永恒。其研发的第4个版本已完全成为全世界最复杂的腕表款式,25种复杂功能,5年的研究,价格在200万到300万瑞士法郎之间。其他由法兰克·穆勒品牌所创造的重要极致腕表功能,当属双轴陀飞轮(Revolution)2,和三轴陀飞轮(Revolution)3以及三轴陀飞轮(Evolution)3-1陀飞轮腕表最为人所知。

玩赏复杂功能腕表可说是最能代表法兰克·穆勒品牌精神的表款。最受欢迎的系列代表:如1999年的维加斯系列,专利腕表设计让轮盘游戏能够模拟呈现。2003年的"疯狂时间",面盘上的时间以不规则的排列顺序表现。2005年的"完全疯狂"(Totally Crazy),小时和日期显示互相配合,同样以不规则的方式运转。2006年的秘密时间,时针与分针永远停在12点钟位置,只有在按下9点钟方向的按钮后才会指示当下的正确时间。此外,2006年小时逆跳及月相显示,其逆跳小时的间隔长短取决于其重要性:"快乐的时光"被延展放大而单调乏味的时光似乎也神奇地缩短了。

法兰克·穆勒(Franck Muller)：低调的奢华

法兰克·穆勒的极致魅力，是运用匠心独具的眼光，为女性创作专属的腕表。从传统尺寸到大表框设计，简单至高度复杂的功能和从休闲时尚到华丽出众的珠宝镶嵌表壳。没有任何女人能够抵挡这些动人创作所呈现出的迷人丰采及外形。

集团的力量

法兰克·穆勒勇于挑战传统的制表工艺历史，运用其精致的制表工艺打造精密复杂的表款，搭配完全创新的当代设计，造就了法兰克·穆勒品牌的领先地位。

法兰克·穆勒集团于1991年由瓦尔坦·史迈克斯（Vartan Sirmakes）先生和法兰克·穆勒制表大师共同创立，在不到15年的时间内，即成为世界上最重要的高级钟表公司之一。其坐落于日内瓦近郊小镇根托德的制表总部，更是以坐拥令人叹为观止的日内瓦湖畔及勃朗峰景致而著称。

事实上，从创立之初，集团投注大量的心血于设计及研发部门。目前法兰克·穆勒集团的全球发展大致如下：法兰克·穆勒腕表年产量50000只，旗下9个品牌，1000位员工，10个主要遍布于瑞士根托德和汝拉的制表地点，全球36个精品店，未来2—4年间5000万瑞士法郎的投资。

法兰克·穆勒品牌成功的关键所在便是让伟大的传统制表工艺永续留传，并借由开发或创造前所未有的复杂功能，运用精致的机械工艺呈现令人震惊的不朽杰作；表壳的革命性创新设计，严谨地遵循及坚持瑞士制造的优良传统。创新的曲线腕表表壳于90年代初期推出。其优美圆润的曲线弧度，完美展现于3、6、9与12点位置，再度造就了当代高级制表工艺中另一个经典的设计：酒桶。这些仅是一部分法兰克·穆勒成就于国际间的成功故事。

法兰克·穆勒于创立至今的20年间，已成功注册53项专利。

法兰克·穆勒腕表确实为名副其实的珍宝，其精密程度挑战设计极限，不论是在表壳的造型还是在颜色上，自1991年至今，已研发出许多款式来满足极具品位的客户需求。从经典循环（Classic Round）、曲线腕表、征服者、长岛、征服者科尔特、阿拉伯数字、碎石、装饰艺术、酒桶到其他的表壳造型，皆有多种尺寸可供选择，并运用K金或铂金材质创作出四种不同颜色的表壳。

所有在法兰克·穆勒集团生产的腕表，皆为 100% 瑞士制造。其中有 70% 在根托德和汝拉制造完成。这要归功于管理部门对于维护产品质量的毅力与坚持。

后记：虽然与其他百年品牌相比，法兰克·穆勒是年轻的。但是仅仅在数十年的时间里，法兰克·穆勒却已经凭借自己超卓的技术以及独一无二的酒桶型腕表成为表界具有非凡影响力的品牌之一。法兰克·穆勒的急速成长，让我们看到了它的不俗表现，同时更被一款款法兰克·穆勒经典之作所征服。

法兰克·穆勒大事记

1958 年 7 月 11 日，法兰克·穆勒出生于瑞士拉夏德芬。

1983 年，以法兰克·穆勒为名的品牌正式成立。

1992 年，首创结合三问、万年历、逆行月份时差程式、24 小时显示、月相盈亏及表室温度显示、能量储存。此款手表仅生产一只，由一位收藏家珍藏。

1995 年，区位收藏家要求法兰克·穆勒为其再加上达比龙的功能，使此表更加复杂及珍贵，当时之售价为 100 万瑞士法郎。如今另一位收藏家出价 400 万瑞士法郎。

1995 年，正面（白天专用）—结合了陀飞轮、追秒、万年历、24 小时显示、星期显示、月相盈亏、表室温度、逆行月份时差程式等功能,背面（夜晚专用）—镂 28d 罩透明表盖，独立之时分针，可清晰窥视手工雕花之机械内部构造，四周镶嵌 68 颗 VVS1 级之方钻，此表费时两年的研究、设计与打造始完成。每一年法兰克·穆勒都会发表一只世界首创且独一无二之复杂功能腕表，世界各地之收藏家争相预订抢购。

2004 年，又推出了卡萨布兰卡 10 周年限量表。该款式的巨型表面设计，比一般卡萨布兰卡更添皇家气派，由法兰克·穆勒所掀起的复古酒桶型腕表旋风，以及颠覆传统表面的彩色数字，让法兰克·穆勒在近年来大放异彩，再加上专业的制表工艺，使得法兰克·穆勒迅速得到众多腕表收藏家的青睐。

法兰克·穆勒集团年度纪事

1991 年，法兰克·穆勒日内瓦成立。

1994—1995 年，法兰克·穆勒集团于日内瓦近郊的小镇根托德设立腕表的制作总部，并将其命名为法兰克·穆勒钟表世界。

1998 年，首次以独立方式举办完整新品发表展览会。

2001 年，创立集团新品牌 ECW（欧洲手表公司）。

2001 年，创立集团新品牌皮埃尔库斯。

2005 年，鲁道夫加入集团。

2005 年，亚历西斯克·特力加入集团。

2007 年，集团成立巴克斯与施特芬斯钟表系列。

2007 年，马丁·布朗加入集团。

2008 年，皮埃尔米歇尔格雷加入集团。

2008 年，克里斯汀·惠更斯加入集团。

芝柏表（Girard Perregaux）：
桑迪坊的伟大旗帜

> 导语：高级钟表是一个非同寻常的领域，每个作品都是历经长久雕琢才逐渐成形，遵循的是以质量为重要因素的艺术创作规律。工程师、制表大师、珐琅师、镶嵌师、抛光师……所有人都以耐心严谨的态度，和专业的技艺共同为打造完美精妙的作品作出各自的贡献。

在瑞士高级钟表这个精英辈出的领域内，芝柏（Girard Perregaux）表深厚的历史底蕴和丰富的情感积淀，占有一席之位。芝柏表的历史可以追溯至1791年，近两个世纪的制表传统，为今日的立足奠定了根基。芝柏表品牌丰富辉煌的家族历史是由几代人先后铸就的，并且直到今日仍在延续。

一个家族的历史

芝柏表于1791年由制表大师简·弗朗索瓦·波特（Jean Francois Bautte）所创立，最初并不叫做芝柏表。简·弗朗索瓦·波特出身于普通工人家庭，很小就失去了双亲，从12岁起开始成为学徒，接受了多个工种和行业的培训，

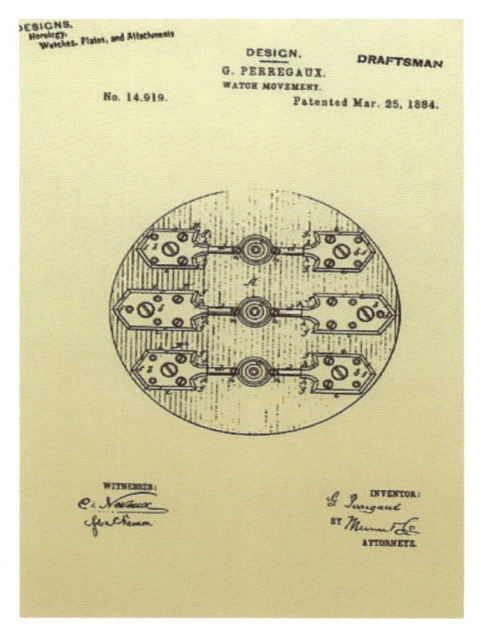

特色是三条平行并列的箭头形夹板结构的芝柏表机芯草图

芝柏表(Girard Perregaux)：桑迪坊的伟大旗帜

芝柏表的创始人之一康士坦特·芝勒德先生

芝柏表的创始人之一波特先生

当过表壳组装工、格状饰纹刻画师、制表师、珠宝师和金匠。1791年，他创作出自己的第一批作品。凭借着出色的才华加上敏锐的商业头脑，他很快就建立起拥有当时制表业所有工种的公司。他的公司可以制作时计、珠宝、机器、音乐盒以及其他精美工艺品。波特依靠个人的天分和努力获得了事业成功。他在巴黎开设了一家分公司，在佛罗伦萨设立了销售办事处，并且与土耳其、印度和中国建立了业务关系，客户中甚至包括欧洲的皇室成员。波特还在日内瓦开办了自己的表厂，并把所有制表工序集中在一起，方便管理和沟通。

波特成了当时最著名的日内瓦制表商兼珠宝商，并且是纤薄腕表的发明者之一。大仲马、巴尔扎克和拉斯金等文艺界大师都曾撰文赞扬他，对他心怀感激和敬仰的工匠们在他去世后为他树立起一块纪念碑，直到今天，这块纪念碑仍伫立在日内瓦的普兰帕惠（Plainpalais）公墓。

康士坦特·芝勒德最初以合伙经营的形式开始其制表事业，曾先后与合伙人拥有过多个品牌。1854年，他与来自力洛克小镇一个制表世家的小姐玛

芝柏表 Vintage 1945 角子老虎机陀飞轮表
（Jackpot Tourbillon）相应配件

丽·柏利高结婚，1856年之后夫妇二人在拉绍德封共同创立了芝柏表厂。自表厂由天才横溢的制表师康士坦特·芝勒德和玛丽·柏利高（Marie Perregaux）夫妇管理后，芝柏表迅速发展成为当时业内规模最大的公司之一，并且成为最早将瑞士腕表推向美洲的先驱，在南、北美洲的多个城市建立了办事处。于是，一个经典品牌便开始了它在钟表界的辉煌历程。

康士坦特·芝勒德投入多年心血设计和制作出多款擒纵系统，其中以陀飞轮擒纵系统为突出代表。凭借卓越的品质与美感，他的作品在包括世界博览会在内的众多国内外展览和比赛上脱颖而出，屡获殊荣。1889年，后来成为芝柏表公司标志的著名三金桥陀飞轮在巴黎世界博览会上获得金奖，这也成为他制表事业的巅峰之作。

出身于制表世家的亨利·柏利高（Henri Perregaux）从早年间就在自己的家族事业中开始了自己的事业：他的父亲过早辞世之后，他接替了父亲的位置。然而，公司业务进行得十分艰难，以至于他不得不在1860年作出对公司进行破产清算的决定。之后，亨利进入妹夫康士坦特·芝勒德的公司工作。为了更加有效地开发美洲这块潜力无穷的新兴市场，康士坦特·芝勒德决定在美洲设立销售办事处，而受命担任美洲区销售办事处主管的便是亨利。

芝柏表（Girard Perregaux）：桑迪坊的伟大旗帜

1865 年 10 月，亨利携妻抵达阿根廷。他在布宜诺斯艾利斯成立了芝柏表特约代理处，业务范围包括南、北美洲的多个国家。从 1872 年开始，他的负责范围扩大到西印度群岛。经过 16 年的努力，亨利帮助芝柏表品牌蓬勃发展，并且在美洲各个国家的市场中都跻身前列。1881 年，他成功完成了自己的使命回到瑞士，带着荣耀和嘉奖退休。

1906 年，康士坦特·芝勒德的儿子康士坦特·格尔收购了原来的波特公司，进而接过了芝柏表的执掌大权。玛丽·柏利高的 3 个兄弟亨利、弗朗索瓦和朱尔斯也加入了芝柏表，亨利和朱尔斯担任美洲区代表，弗朗索瓦担任亚洲区代表。

他从 1860 年起定居横滨，并成为在瑞士与日本签订贸易友好协定之前第一位在日本开业经营的瑞士表的人士。1865 年，他在横滨创立了公司，之后该公司一直作为芝柏表在日本的指定代理商，

芝柏表 Vintage Today 纯白限量款

直到 1877 年他去世。他是日本法裔社会的杰出人物以及在日本居住时间最长的外国人士之一。他还是瑞士步枪协会的成员，曾担任该协会的主席。现长眠于横滨外国人公墓。

20 世纪 20 年代末，奥特·格莱芙（Otto Graef）在两个儿子维利和保罗的帮助下将格莱芙家族的制表事业发展壮大。之后芝柏表公司的执掌大权也

芝柏表北京精品店

  在这个家族连续三代人手中传递。奥特·格莱芙的第三个儿子简·让·格莱芙负责芝柏表品牌在美国的推广。

  在该家族的第三代人简·皮埃尔·格莱芙、简·爱德华和查尔斯手中,芝柏表的传统得以发扬光大。在经过深入的史料研究之后,他们开始收集一些具有历史意义的经典芝柏表腕表,而这些经典腕表后来成为了芝柏表博物馆现在展出的收藏品中的一部分。

芝柏表（Girard Perregaux）：桑迪坊的伟大旗帜

芝柏表北京精品店

奥特·格莱芙出生于德国的一个小村庄。他如愿先后学习了制表师和金匠的技能。在德国做过几份不同的工作后，他决定去当时已经享有"制表之都"盛名的拉绍德封寻找机遇。

1882年3月1日，还不满20岁的奥特·格莱芙来到了拉绍德封。在几家工厂工作期间，他的才华得以展现。1889年，他决定自立门户。与祖国一直保持紧密联系的奥特·格莱芙将自己制作的第一批腕表销往德国，之后便是

追针计时怀表具有追针计时及跳秒功能，
以 Girard-Perregaux 名义制作，约 1880 年出厂

奥地利。1913 年，随着三个儿子的加入，他的公司开始走上全球化发展的道路，之后又在 20 世纪 20 年代收购了芝柏表。作为一位技艺精湛的制表师和成就斐然的商人，奥特·格莱芙的事业不断取得成功，直到他去世。

1992 年，作为芝柏表的首席执行官和拥有者的马卡卢索（Luigi Macaluso）与他的儿子斯特凡诺（Stefano）和马西莫（Massimo）一起开始续芝柏表的家族经营传统。

首席执行官马卡卢索于 1948 年出生于都灵。他在 1974 年完成建筑师的学业，并且在求学期间就开始投身赛车事业，夺得了 1972 年欧洲拉力锦标赛冠军。1975 年，他开始对制表业产生兴趣，进入一家大型瑞士制表集团的意大利分公司供职，一直工作到担任董事职位。1982 年，他创建了自己的腕表经销公司，并且很快成为芝柏表在意大利的指定进口商。1989 年，他成为芝柏表的董事会成员，并在 3 年后成为芝柏表公司的拥有者。在他的执掌之下，芝柏表成为了顶级制表领域中的领军者之一。正是得益于马卡卢索对芝柏表的大力支持，尤其是在研发领域的投资，才确保了芝柏表在瑞士高级钟表界占据关键地位。

芝柏表(Girard Perregaux):桑迪坊的伟大旗帜

芝柏表厂新厂

真正的表厂

　　位于瑞士汝拉州的拉绍德封从18世纪中叶开始就被公认为是制表业的中心,康士坦特·芝勒德正是在这里创建了芝柏表。拉绍德封城南坐落着几座彼此相隔数米的建筑,这就是芝柏表公司的所在地。

芝柏表的总部位于吉拉德特（Girardet）1号。这座建筑建于1946年，芝柏表的首席执行官办公室和多个部门以及高级钟表制作间均设于此。我们的制表大师正是在这里以数月心血创作出精美的作品，其中就包括著名的三金桥陀飞轮。

1918年由当地承包商修建了马吉列特别墅。尽管这座建筑后来又根据芝柏表博物馆的设计而改建，其内部结构却依然保持了最初的设计风貌。从1999年起，芝柏表博物馆开始展出具有品牌历史意义的古董腕表以及反映芝柏表丰富历史的文献材料。

芝柏表的发展历史

19世纪90年代，芝柏表越来越广为人知，并开始在南美、美国和日本设立销售点。1928年，德国制表师兼国际金表制造厂莫特纳雄耐尔的主人奥

芝柏表厂老厂

芝柏表（Girard Perregaux）：桑迪坊的伟大旗帜　151

特·格莱芙，全面收购芝柏表的股份。1932 年，该品牌在美国设立了分公司，名声日隆。为了配合公司的国际形象，芝柏表办公大楼的建造工程于 1948 年在瑞士拉桑迪坊芝勒德广场一号展开。50 年代，芝柏表开始进军亚洲市场，成为真正的国际品牌。

1992 年，意大利籍企业家马卡卢索博士收购了芝柏表厂。作为一名前职业拉力赛车手，马卡卢索博士勇于接受挑战和爱冒险的个性，为品牌带来很新的理念，制造出很经典的手表。1998 年，芝柏表日本分公司正式成立。2003 年，品牌正式进入中国。时至今日，芝柏表在全球 56 个国家共有接近 600 个销售点，其中中国内地的 34 个销售点遍布于全国 17 个城市，包括：北京、上海、长沙、成都、大连、大同、杭州、哈尔滨、昆明、南昌、青岛、沈阳、深圳、太原、乌鲁木齐、西安和郑州。中国香港和台湾的销售点分别为 12 和 15 个，澳门有 2 个。

于 2006 年发表的芝柏表 GP4500 是响应市场对大码男装表需求日增的产物，显示出品牌努力完备自制机芯款式的策略以配合表款不断增长的发展方向

技艺源于传统

作为硕果仅存的真正瑞士制表商之一，芝柏表设计、创作、开发和生产腕表的外部零部件和腕表的"心脏"——机芯。这种全面的综合性运作模式让芝柏表能够提供种类完整的顶级机芯（超过 100 个型号）和享有盛誉的机械腕表系列。

品牌的研发部门，拥有大约 20 名资深的制表师和工程师，严格地监控着腕表生产的每一个过程，从设计概念、机芯研发、表壳设计和制造等所有

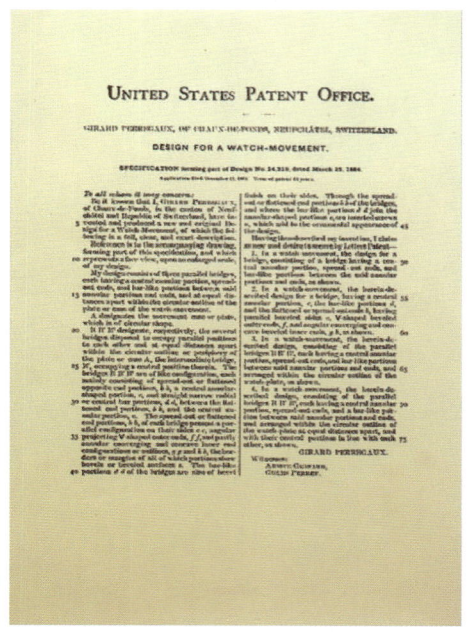

芝柏表机芯专利证书

工序，都由他们仔细监督和改良。所以，每一枚芝柏表，都是传统制表工艺和现代尖端科技的艺术结晶，已经超越了时计的境界。在培养传统、应对创新挑战、实现最高水准的质量和可靠性目标方面，研发部门都发挥着重要的作用。研发部门也确保了品牌能够独立掌控整个腕表制作流程。如今，在品牌研发部门的支持下，芝柏表更是把传统工艺和现代技术相结合。目前，品牌已拥有近80项专利，在应用最先进技术的同时也让公司的传统得到延续。芝柏表的腕表并非单纯重复以往的成功款式，而是以力求完美的精神去创造新的作品。芝柏表独特的设计让她在众多国际比赛中备受赞誉、屡获殊荣。

芝柏表秉承高端的制表文化，运用先进的研发技术，制造高质量的机芯和腕表。高水平的专业制表大师，热忱而充满激情地投入工作，创造出卓越不凡的时计杰作。

GP 工艺

芝柏表拥有数十种不同的制表工艺，因而能够独立进行腕表及机芯的设计、开发和制作。

设计阶段是整个腕表制作过程的基础阶段，具体内容是根据芝柏表的理念宗旨创造腕表的概念，其中的每一个细节都非常重要。腕表的雏形就是在这一阶段绘制的。新款机芯的诞生需要经过数月，有时甚至是数年的开发。开发任务由高水平的工程师负责完成，他们使用计算机辅助设计（CAD）工具，结合最先进的计算和三维仿真软件。优秀的设计、性能、精度、耐久性、可靠性以及简易的保养程序，都是机芯必须具备的基本要求。

芝柏表(Girard Perregaux)：桑迪坊的伟大旗帜

从腕表设计到制作，整个开发过程都由制表师和研发部门的微机械工程师共同掌控。开发过程中最大的挑战之一就是零部件的尺寸：200个——有时甚至是300个只有通过显微镜才能看清的微小零部件，需要装配在直径数厘米的机芯内，而且还要确保这些部件具备长期的耐久性，其中数千种精密的零部件的装配都必须精准无误。机芯的设计理念往往通过腕表的第一个样板来体现。实验室的专家们以手工方式组装了十多只腕表样板，然后以逐步推进、逐个细节检查的方式对各个设计参数进行检查。

芝柏表接管人之一玛丽·柏利高

在数个月的时间内，充满警觉性的测试团队对腕表样板进行了一系列全面而完整的测试，包括：日差率规则性、对物理冲击和温度变化的耐受性、模拟佩戴多年后的性能稳定性……所有功能都要经过测试，甚至要通过一些在正常情况下腕表都不会遇到的异常考验。

芝柏表的所有新产品都必须经历两个样板阶段，以确保最佳的检验结果。不单是机芯，表壳以及诸如指针等所有外部零件也需要测试。在开发阶段，整个腕表还要经过众多的测试。

"半成品"制作间负责使用数控加工设备来加工机芯将要使用的主要零部件，制作过程就从这里开始。

经过粗加工后，各个零部件进入精加工阶段，其中包括以钻孔或研磨方式开孔、进行高精度微调、通过金刚石抛光操作使零部件表面达到进行表面加工的要求。在芝柏表的制作间内，也使用机器加工的方式制作腕表的表壳。上述加工完成后，零部件被送往抛光制作间，经过耐心细致的手工作业后，外观和表面呈现出最终效果。之后，腕表表壳的各个组成部分（玻璃圈、水晶玻璃表镜、垫圈等）被组装进表壳。

完成加工和检查阶段的机芯零部件即可进行装饰或表面加工操作。在芝柏表腕表中，尽管主夹板和桥板的表面被其他零部件遮盖，但它们依然是装饰和

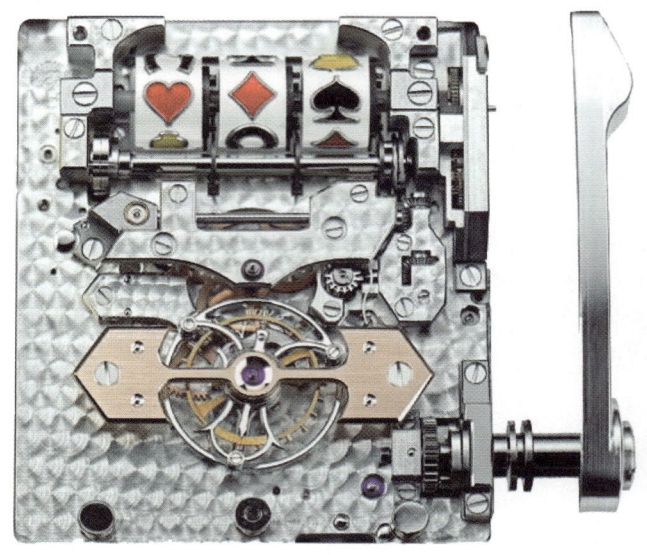

芝柏表老虎机滚筒及打簧结构

表面加工的重点：这些操作均由拥有高超技艺和丰富经验的金匠负责完成。

传统的顶级表面工艺是使机芯结构臻于完美的重要因素。倒角是一种精致的表面工艺，能够形成优美的抛光效果，被用于处理机芯的各种金属零部件的锐利边缘。这些细小的边缘先是被软化，然后再以手工方式分若干步进行抛光。

在装饰阶段，腕表的零部件经过进一步雕琢。每个零部件的装饰都不单是出于审美上的考虑，而是为了确保零部件的技术性能趋于完美。这些装饰操作中也包括镌刻，就是使用机械或手工方式在机芯零部件上雕刻和描绘出精美的图案、数字或字母。例如，自动摆陀、桥板、主夹板以及机芯外露零部件上的日内瓦波纹是用特殊的砂轮在待装饰表面上以平行和圆形路线移动打磨而形成的，呈现出特有的拉丝波纹图案。装饰阶段还可能包括很多其他操作步骤（圆纹处理、压光表面加工、镂空处理、珐琅彩绘等），能够对腕表各个零部件的外观进行美化和提升。即使在21世纪，计算机也无法替代制表师的专业技艺。制表师以主夹板作为机芯结构的基础元件，将各个零部件一丝不苟地组装起来。机芯的结构十分复杂，装配操作需要高超的技艺、丰富的经验以及持久的耐心。制表大师还会耐心地对机械装置的各个零部件进行调整，以确保他们出品的机芯达到完美的性能表现。装配完成的机芯将经过一个"触发"阶段，进行第一次运转。之后，机芯还将经过进一步微调以及一系列漫长而细致的检查。

在经过并行的制作和检查过程后，表壳中央部分和机芯重新结合起来。此时，机芯已经过为期整整两周的检查和测试。表壳、指针、表盘也都经过

芝柏表(Girard Perregaux)：桑迪坊的伟大旗帜

芝柏表三金桥陀飞轮不但是瑞士制表工艺的经典杰作，也见证了制表业发展的一段传奇

同样细致的检查。表盘被精心调节到与机芯达到最佳匹配的状态，以便将每根指针依次安装到轮片上。装壳操作在安静无声、一尘不染的环境中进行，随着表底盖的安装固定而完成，整个过程犹如一个深具永恒意味的仪式。

在芝柏表，细致入微的检查贯穿制造流程的各个阶段——所有零部件在抵达和离开制作间时都要经过严格的检查。每个制作间和每名制表师都拥有必要的检查设备。质量管理部全程参与开发和制作过程。腕表在制作完成后还要接受最终检查，以使其达到芝柏表的质量要求。

芝柏表现任品牌总裁察哈·马卡卢索(中)以及芝柏表亚太区销售经理德里克·安德森先生

芝柏表的伟大成就及芝柏博物馆

在芝勒德夫妇掌管下的芝柏表厂，发展一日千里。1867年，芝勒德证实了把黄金运用在机芯上的可行性，并成功地研制出了三金桥陀飞轮机芯，震惊表坛。该项伟大的杰作，于1867和1889年的巴黎国际博览会上都获得了金奖，并被誉为表中的"蒙娜丽莎"，以表彰它的精致和美丽。1901年，巴黎国际博览会宣布三金桥陀飞轮不能再参展，原因是它太过完美，无与匹敌。1880年，德国皇帝威廉一世邀请芝勒德为他2000名海军将官制造一批表，充满创意的芝勒德希望把怀表做成腕表。可惜，这个构思在怀表盛行的19世纪被视为过于天马行空，所以计划最后被迫搁置。不过，随着后来腕表的流行和普及，可见芝勒德的胆识、远见和创意。

1918年，拉桑迪坊（La Chaux-de-Fonds）商人纽丁（Charles Nud-

芝柏表(Girard Perregaux):桑迪坊的伟大旗帜

三金桥陀飞轮是最经典的怀表,堪称芝柏的代表作,约 1889 年出厂

ing)建造了马吉列特别墅(Villa Marguerite),它位于芝柏表厂的附近,外形典雅优美,和芝柏表的品牌形象非常相配。2000 年,芝柏表把这座美丽的别墅改建成了博物馆,里面收藏了各款珍贵罕见的芝柏表,从古董款式到现代经典,一应俱全;透过博物馆内不同的时计,更可深切地了解和体验瑞士钟表制造业的悠久历史和文化。爱表人士可以通过预约方式,参观芝柏

腕上迷津——精准的奢华
RIGHT TIME:EXACT LUXURIES

表博物馆。

后记：每一个品牌都有自己的魅力，当然芝柏也一样。或许相对于其他品牌来说，芝柏的传送率相对范围稍窄，但这并没有影响芝柏对人们的影响力。制表大师们用自己精心的杰作，同样博得了人们更多的认可与肯定。这也是芝柏低调深沉的魅力所在。

马吉列特别墅即芝柏表博物馆

芝柏大事记

1791年，制表大师简·弗朗索瓦·波特（Jean Francois Bautte）创立芝柏表，并发明了世界首批超薄型怀表。

1837年，雅克·波特（Jacques Bautte）和罗塞尔（Jean Samuel Rossel）从创办人波特手上接过公司的管理权，并继承了波特留给他们那无价的企业和文化遗产。

1854年，才华横溢的制表师康士坦特·芝勒德和玛丽·柏利高夫妇两人接管了表厂。

1856年，芝勒德夫妇两人把自己的姓氏结合，并于1856年正式成立芝柏表厂。

1867年，芝勒德成功研制三金桥结

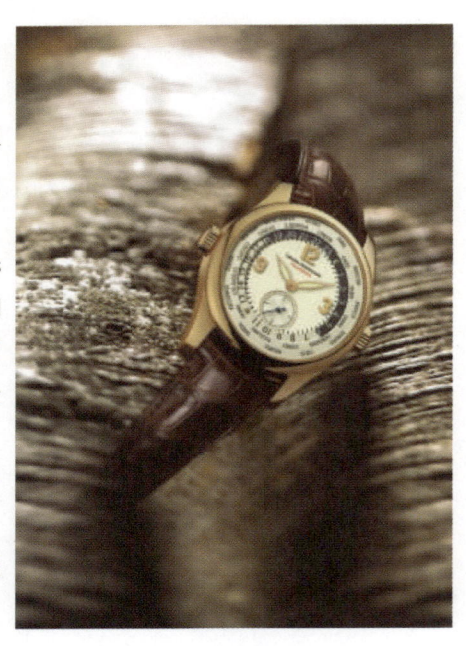

国际时间三金桥陀飞轮

芝柏表(Girard Perregaux)：桑迪坊的伟大旗帜

第一枚复刻系列三金桥陀飞轮怀表 (编号 1)，黄金表壳，机芯装配冲击式擒纵结构、黄金宝石套筒和黄金齿轮夹板

构，创制出脍炙人口的金桥陀飞轮怀表。三金桥陀飞轮怀表于巴黎国际博览会中荣获同类竞赛金奖。

1880 年，芝勒德受德国皇帝威廉一世委托，为其 2000 名德国海军将领制造怀表。充满创意的芝勒德希望把怀表做成腕表，可惜，这个构思在怀表盛行的 19 世纪被视为过于天马行空，所以计划最后被迫搁置。

1889 年，象征芝柏表顶尖技艺的三金桥陀飞轮怀表，再度赢得巴黎国际博览会"金牌"，并被誉为表中的"蒙娜丽莎"。

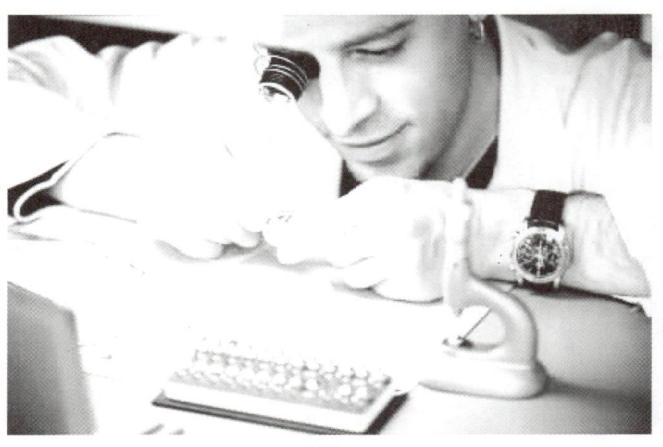

腕上迷津——精准的奢华
RIGHT TIME:EXACT LUXURIES

工作坊中严密监测机芯

1890 年，芝柏表开始在南美、美国和日本设立销售点。

1928 年，德国制表师兼国际金表制造厂莫特纳雄耐尔的主人奥特·格莱芙，全面收购芝柏表的投资股份。

1932 年，芝柏表在美国设立了分公司。

1945 年，芝柏表推出经典的 Vintage 1945 系列。

1948 年，芝柏表办公大楼的建造工程于瑞士拉桑迪坊芝勒德广场一号展开。

1957 年，发明自动上弦机制，大幅提高了自动盘的传动效率。

1966 年，设计并创制世界首枚高频率机械腕表，振频达每小时 36000 次。

1969 年，成为瑞士第一家以大规模方式生产石英表的表厂，当时研发的石英频率 32000 赫更被同业一致采纳为国际标准。

1975 年，推出罗西华运动表系列。

1981 年，表厂的制表大师制作 20 枚三金桥陀飞轮怀表复刻版。

1991 年，为庆祝芝柏表成立两百周年，特别汇集精英制表大师之力，将直径 45 毫米的三金桥陀飞轮怀表，缩制成 28.6 毫米的三金桥陀飞轮腕表，机件的精密复杂印证了芝柏表制表工

制表匠的工作间

芝柏表(Girard Perregaux):桑迪坊的伟大旗帜

黄金珐琅十字架型挂表以芝柏名义制作,约 1870 年出厂。正面饰以珐琅宗教图案,背面刻上 Av 艺的登峰造极。

1992 年,意大利籍企业家马卡卢索博士收购了芝柏表厂。

1993 年,获得法拉利授权,特别为这个建厂 50 周年,不断为车坛创造经典的意大利车厂,推出第一款"法拉利系列"追针计时腕表,全球限量

腕上迷津——精准的奢华
RIGHT TIME: EXACT LUXURIES

技艺精湛的芝柏老制表匠

精益求精的做工

手表制作工序细节

芝柏表(Girard Perregaux)：桑迪坊的伟大旗帜

499枚。两者的合作关系长达10年，期间制造了很多让人赞叹的经典表款。

1994年，推出全新超薄GP3000及GP3100型自动表芯，厚度2.98毫米，尽显芝柏表超卓的制表技艺。

1997年，推出全球首枚女装三金桥陀飞轮机械腕表，机芯内径仅27毫米，令芝柏表的制表技艺迈向新里程。

格拉苏蒂（Glashütte）：
钟表重镇的浴火重生

> 导语：诞生于1845年的世界著名精密腕表品牌格拉苏蒂（Glashütte）始创于德国的格拉苏蒂镇。19世纪，德国与瑞士为并驾齐驱的制表业典范。尤其在1930年，格拉苏蒂制表大师阿尔弗雷德（Alfred Hedwig）创造了世界上首块浮动陀飞轮腕表，而将陀飞轮装置的运行之美完整揭示。

过往的160年，格拉苏蒂始终代表着高尚品质，至今该品牌依然保持着世代留传的传统理念。无论由最细致的螺丝到精湛的复杂机芯的制作，每一件微细的零件均以世代流传之技术以手工打造及装饰。目前业内只有极少数腕表品牌能符合如此严格的要求和考验。格拉苏蒂表款特有的3/4夹板、鹅颈式微调、18K金套筒展现了传统的德国制表风貌。风格独具的格拉苏蒂名副其实地属于小产量奢华腕表制造者。

格拉苏蒂的每件机械时计品从不会以虚饰或夸张夺目的外观出现。其吸引力蕴藏于功能及可靠性、高品质的材料以及实而不华的内涵，从而展现出腕表设计的奢华美感。这只可在德国品牌发现的特质——一份永恒的吸引力。

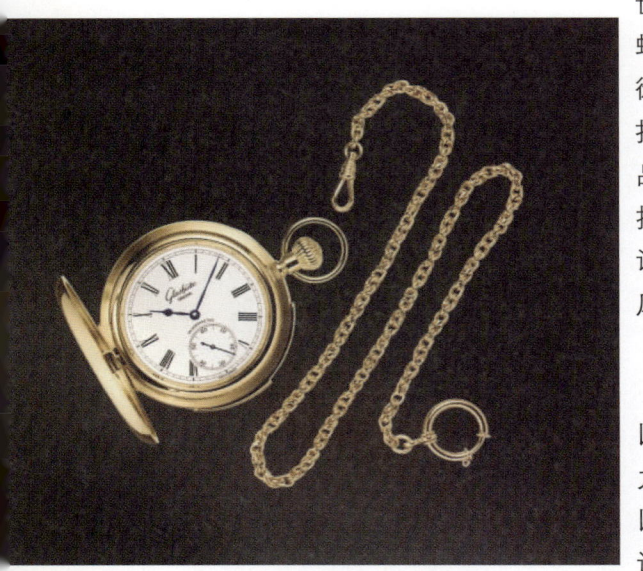

材质的选择以及做工均十分精良

格拉苏蒂(Glashütte)：钟表重镇的浴火重生

品牌的崛起

17世纪的德累斯顿是一株经济奇葩。当地不少的华丽建筑物足以媲美佛罗伦萨或翡冷翠，更因此获得"易北河上的翡冷翠"的别称。18世纪时当地已经有不少出色的钟表匠；相关的理工学院更在1827年在德累斯顿的贝如台（Brühlschen Terrasse）成立。而当中的一名学子正是格拉苏蒂钟表业之父——郎恩。

离德国萨克森州首府德累斯顿不远有一个人口只有4500，但在钟表业却享誉盛名的小地方：格拉苏蒂。这约21公里的路程需车时30分钟。当你驶进格拉苏蒂时，所看到的市徽便包括了当地的两个工业象征——代表以前矿工业的两个交叉而放的槌子和今天钟表业的一个银制的日晷。

创始人圣莫里茨·格罗斯曼先生

格拉苏蒂的钟表制造业可以追溯到1845年。当年，郎恩在萨克森州莫格里兹（Müglitz）山谷附近的格拉苏蒂小镇成立首间制表公司。这个欧陆小镇的居民素来以开采银矿为生，而格拉苏蒂的德语正是"璀璨金属的宝库"的意思。但很奇怪，这些名贵的精确机械表（格拉苏蒂没有电子表）的起源却是跟当地银矿业的没落有关。当银矿被采尽以后，格拉苏蒂的经济便开始步入困境。干旱、过热和农作物收成欠佳连年发生，以致小到处行乞，大到饿殍载道。为了救灾，政府愿意接受任何有建设性的建议。萨克森皇室的钟

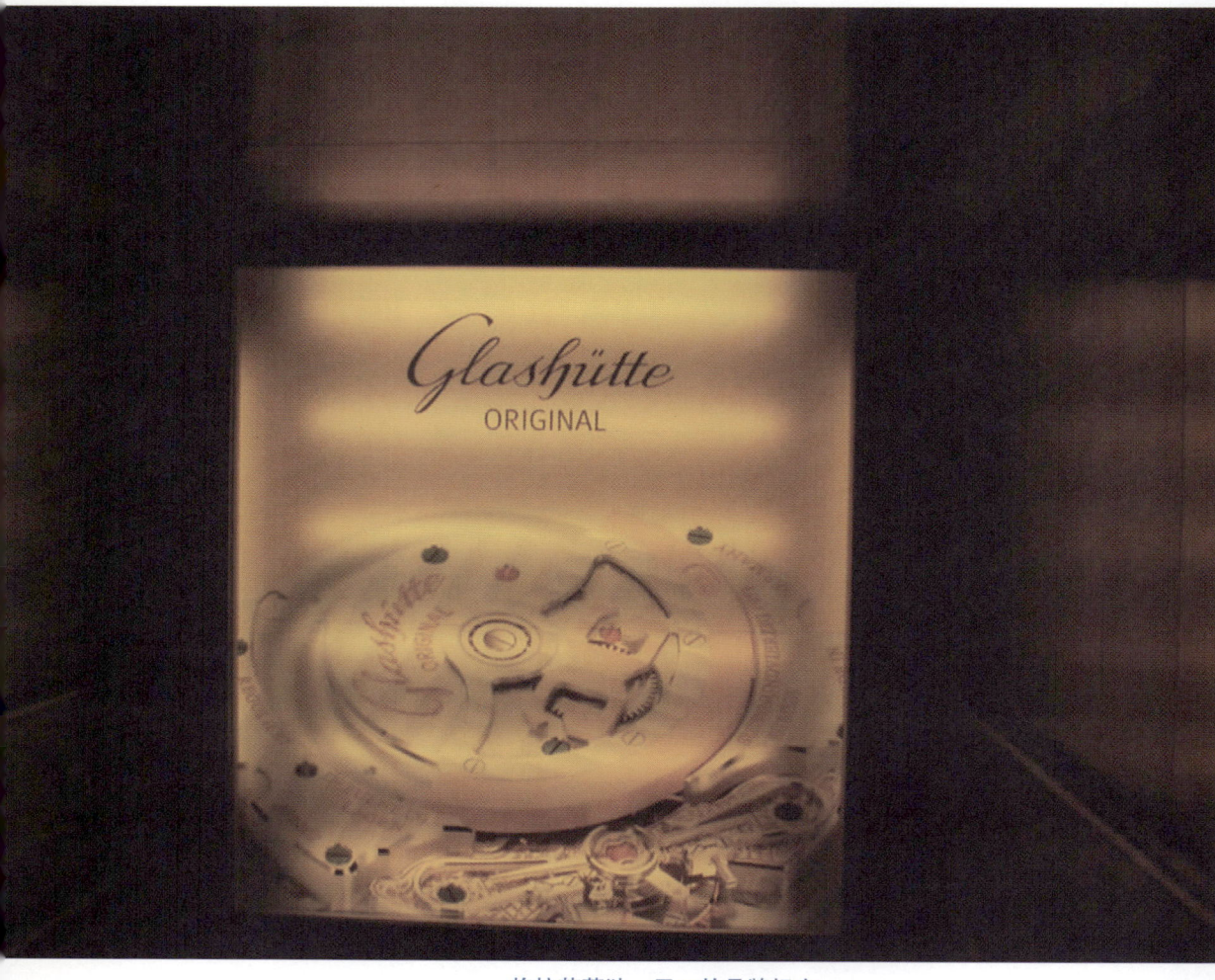

腕上迷津——精准的奢华
RIGHT TIME:EXACT LUXURIES

格拉苏蒂独一无二的品牌标志

  表大师郎恩得悉事件后，决定实现他已策划多年的计划，在格拉苏蒂建立一间萨克森制表厂。郎恩拿着萨克森市政府的贷款，把一群织布工人和矿工培训成为优异的制表工匠。这项工作绝对是个重大挑战，然而郎恩踌躇满志，矢志朝着远大目标迈进。他不仅创立了一间制表厂，更重要的是创建了整个制表业。

  郎恩在德累斯顿出生，父母分离后便跟着作为商人的养父一起生活。天资聪颖的郎恩不单学会了制表手艺，他更留学巴黎和伦敦四年，修读物理和

格拉苏蒂(Glashütte)：钟表重镇的浴火重生

格拉苏蒂 2010 年最新表款

天文学。

当郎恩在 1845 年 12 月 7 日和他的朋友古特可司（Gustav Bernard Gutkaes）到格拉苏蒂开设当地的第一间钟表厂，一个名贵钟表的时代开始了。

当时，满腔热忱的郎恩矢志要拓展格拉苏蒂，邀请同行专业人士和其他享负盛名的表匠参与他的计划，在市内创立公司。不久，其他著名表匠纷纷加盟，与他并肩创业。当中率先加入的是与郎恩关系密切的女婿朱利叶斯·阿斯曼。1852 年，本身是表商的阿斯曼自立门户，开始生产腕表，他的时计凭

168 腕上迷津——精准的奢华
RIGHT TIME:EXACT LUXURIES

格拉苏蒂 2010 年最新力作

借精确无误的性能扬名世界,更在许多国际展览上赢取多个奖项及金牌,卓越成就令人刮目相看。

除了朱利叶斯·阿斯曼外,格拉苏蒂还吸引了另一些制表大师回来发展。1851 年,曾在德累斯顿向郎恩拜师学艺的阿道夫·施奈德(Adolf Schneider)决定在格拉苏蒂定居创业。其他对格拉苏蒂早年发展举足轻重的人物还有路德维希·斯特拉瑟(Ludwig Strasser)和古斯塔夫·罗德(Gustav Rohde)。

格拉苏蒂(Glashütte)：钟表重镇的浴火重生

格拉苏蒂表厂储料间

1875年，二人携手开设斯特拉瑟和罗德机械时计工厂，并凭着制造精确钟摆时计在业界闯出名堂。

郎恩在1875年12月去世，时年60岁。他的两个儿子继承父业。当郎恩在格拉苏蒂建业时，当地人口只有100000人；30年后却增至170000人。当地的钟表业养活了355个家庭。

然而，本来用来保护本土钟表业，对瑞士钟表的进口限制的条例在1924年作废；祸不单行，1938年德国的钟表行业又被裁定为"军备武器工业"，要为国制造那所谓的"战争重要品"，致使当时的格拉苏蒂钟表业病入膏肓，奄奄一息。

当第二次世界大战在大部分德国地区都已结束时，战机飞进格拉苏蒂上

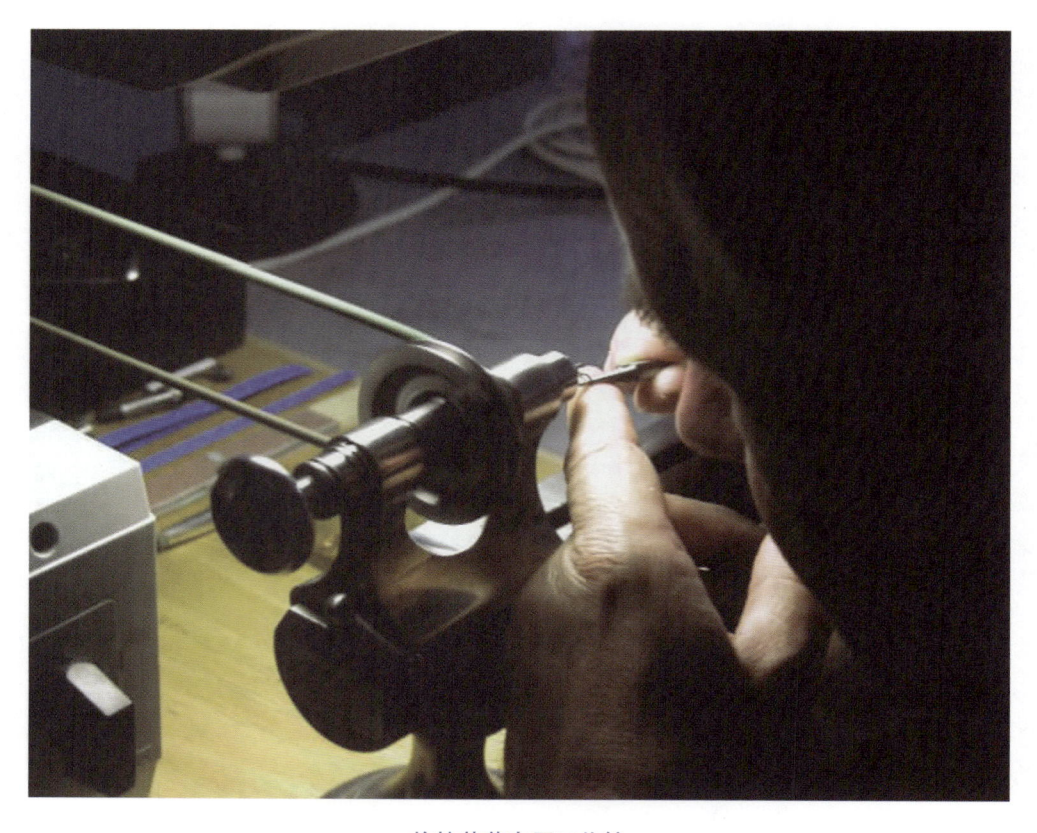

格拉苏蒂表厂工作坊

空。而在德国无条件投降之前数小时,格拉苏蒂更受到严重的空袭。1945年5月8日苏联红军在格拉苏蒂大肆抢掠,把所有有用的仪器、工具运走。格拉苏蒂的钟表业传奇结束了。创始人郎恩的家族产业被国有化,改名为国营的格拉苏蒂钟表工厂。他们虽然继续生产手表,但却是等次质劣,通过在联邦德国的连锁商店和邮购商店廉价发售。

经历了两次世界大战的磨难后,1990年东西德在政治与经济上统一后,国营的格拉苏蒂改组为格拉苏蒂股份有限公司,合法继承了格拉苏蒂原来的所有制表企业。格拉苏蒂股份公司终于在1994年成功私有化,由公司的新东家海因茨·法尔福(Heinz W. Pfeifer)出任行政总裁。公司重组后随即订立新目标,决意要推出真正原厂制造的产品。全新面世的优质机械表采用传统

格拉苏蒂（Glashütte）：钟表重镇的浴火重生

工艺制成，设计精确实用，迅即成为国际市场独当一面的新贵。

公司私有化后一年，其生产的腕表均命名为格拉苏蒂，务求忠于原创的感觉。此外，公司也推出格拉苏蒂历史上设计最精密复杂、售价最昂贵的机械表：朱利叶斯·阿斯曼1——枚可作怀表及腕表用途的时计。设计师依照最著名的制表大师阿尔弗雷德·赫尔维希（Alfred Helwig）的设计图，全新制作一款配备万年历与浮动式陀飞轮的时计。这款时计迅速席卷世界各地，令一众钟表迷心醉不已，而格拉苏蒂也返回生产真正原厂制造的腕表，即由工厂构思及设计，并采用厂房自制机芯制成的时计。时至今日，业内只有少数腕表能符合这项严格要求，而格拉苏蒂正是当中硕果仅存的翘楚。

格拉苏蒂博物馆

格拉苏蒂成为德国钟表重镇

世界各地对萨克森州小镇制造的精确腕表需求甚多，加上区内的制表公司业务长足发展，为了应付庞大的市场需要和培育更多专业人才，业界遂于格拉苏蒂成立"德国制表学校"。1878年，圣莫里茨·格罗斯曼（Moritz Grossmann）创立了这所学校，它不但为格拉苏蒂培育了一批专业钟表技工，不少专业生学成后更周游列国，与瑞士制表业互相交流，将制表诀窍发扬光大。其中的佼佼者正是阿尔弗雷德·赫尔维希，他在德国制表学校毕业后曾到多国深造时计工艺，学成后回到格拉苏蒂开设天文台表工场，凭借精湛的调教工艺与浮动式陀飞轮的发明一举成名，并且投身学校担任导师。

在格拉苏蒂制表业创始人和经验丰富的业界人士不懈的努力下，成功创造出多款脍炙人口的腕表，与素以优质和设计见称的瑞士著名品牌齐名，在表坛上稳占一席之位。

格拉苏蒂车间一角

格拉苏蒂所有表匠都抱着同一目标，就是要确保腕表机芯达到最高品质和力求精确。初时的格拉苏蒂表匠不仅在制作高度复杂的腕表，更重要的是保持精确的性能。他们努力不懈地朝着目标前进，致力于改善格拉苏蒂腕表的准确度，这种追求卓越的精神在小镇内世代相传，成就了多款巧夺天工的瑰宝。今天，格拉苏蒂多项专利设计依然为人津津乐道，为德国制表业奠定了基础，见证着表匠分秒不差的崇高要求。

格拉苏蒂不仅云集着无数首屈一指的表匠，也汇聚了不少表壳匠、指针和

格拉苏蒂(Glashütte)：钟表重镇的浴火重生　173

格拉苏蒂的运动系列

摆轮制造商，为致力于研制优质腕表的公司供应德国制配件。格拉苏蒂不但是德国精确钟表业的典范，也是当代最重要的制表中心，与瑞士的制表业并驾齐驱。

一个真正的钟表工厂

时移世易，政局转变，德国再次统一，为钟表业提供了无限的商机。现在人们更可以在格拉苏蒂现场参观钟表制造过程。这里不仅云集了由日本和美国远道而来的各钟表名店的采购商，而且还有世界各地的钟表玩家、收藏

腕上迷津——精准的奢华
RIGHT TIME:EXACT LUXURIES

格拉苏蒂

家。他们到格拉苏蒂就是要亲身站在钟表匠背后，观看钟表制造过程。身处现场的感觉很特别，工厂的四周都是落地玻璃墙，表匠们犹如在一个大的金鱼缸内。他们在显微镜下埋头苦干，每人负责不同的装配步骤，而每个步骤却异常繁复也很重要，循序渐进，分工合作，制造出精美的钟表。跟其他的钟表品牌不同，格拉苏帝属于全球屈指可数的钟表制造商。"

　　钟表制造商即"Manufacture"，是源自拉丁语的"Manu factum"：手制的意思。在钟表业来说，就是指一只钟表的绝大部分制作过程要在内部完成，不得外包。这才有资格被称为制造商。格拉苏蒂最初的腕表除了表盘和表带外，一切都是在自己的工场内制成的，是高科技和悠久传统完美配合的典范。

　　今天能称得上制造商的品牌屈指可数，例如爱彼（Audemars Piguet），萧邦（Chopard），劳力士（Rolex），伯爵（Piaget），百达翡丽（Patek Philippe）等等，当然还有格拉苏蒂原型。质素、精确、可靠，这不单是德意

格拉苏蒂(Glashütte)：钟表重镇的浴火重生

格拉苏蒂限量表款

志民族的优良传统，更是格拉苏蒂原型钟表的特质。格拉苏蒂原型所制造的钟表的表盘上都印上德国制造，对产品充满信心。

格拉苏蒂拥有超过 200 名表匠、学徒、工程师、设计师和其他的工作人员在楼高 4 层、一尘不染和明亮的工厂工作，有点像一座医学实验室。一名身穿白色工作服、正在显微镜下检验表芯的学徒自豪地告诉参观者："从超过 200 名报读钟表学院申请人中只挑选出 12 人。但一经录取，我们的前途便充满希望。"

在整个制造过程中最难的工序就是把多达 500 件的配件用人手装配镶嵌为一只腕表；复杂异常的步骤，每一步都不能乱；每个表芯都会严格地被查验，确保不能有超过千分之一的差距。由开始到完成，一只腕表需要多达 300 个工作小时。之后就是测验腕表性能和准确度的工序，如未能通过标准，表匠便要把钟表修改，力臻完美。每只腕表都有独立编号和"出生证明"，以便追查，因为优良的钟表不单是跟你一世的，更是可以一代传一代的。格拉

腕上迷津——精准的奢华
RIGHT TIME:EXACT LUXURIES

格拉苏蒂早前表款

苏蒂原型的钟表不单是一座计时器，更是一件艺术品。虽然每只腕表都是全手工制造，但他们的售价并不一定是高不可攀的。钢制的运动型计时图（Chronograph）售价由 5000 欧元起，深得美国消费者的爱戴，适合初入门的收藏家；而玩家的宠儿白金或玫瑰金的帕诺复古图表（Pano Retro Graph）表款却不用 4 万欧元便买到；数到最名贵的必定是各款的陀飞轮，售价接近 10 万欧元。

制表学校的建立

郎恩是一名很有见地的领导者，他鼓励下属创立自己的钟表公司。在没有心机、嫉妒和不良竞争的环境下，这四大钟表匠同心协力，全为大局着想，

格拉苏蒂(Glashütte)：钟表重镇的浴火重生

发展格拉苏蒂的钟表业。正当表匠和工人们在格拉苏蒂这小镇中埋头苦干地工作、与外界几乎隔绝的同时，格拉苏蒂出产的钟表却渐渐受到世界各地人们的赏识和爱戴。不过这四大钟表匠最重视的并不是销售，而是培训下一代。他们一心要改善培训系统，增加员工的知识，扩展他们的视野。1864年他们创办了"星期天学校"，在工余的星期天培训下一代。这"星期天学校"便是那闻名海外的德国钟表学校的前身。

为了庞大的市场需要和培育更多专业人才，圣莫里茨·格罗斯曼遂于1878年成立了"德国制表学校"，不但为格拉苏蒂培育了一群专业钟表技

格拉苏蒂制表学校

制表学校的学生们

工，不少毕业生学成后还周游列国，与瑞士制表业互相交流，将制表诀窍发扬光大。现在该厂大约有 20% 的人在接受培训。

1905 年格拉苏蒂公司出品怀表，搪瓷表面采用其传统设计，共有三个部分，缀饰路易十五式黄金指针。第一次世界大战爆发后，欧洲烽烟四起，世界经济陷入低潮，发展格拉苏蒂公司的大计戛然而止。格拉苏蒂小镇里的公司在经济萧条的情况下挣扎求存，部分更要歇业。纵使逆境当前也无法阻挡格拉苏蒂公司前进的步伐，短短一年后，格拉苏蒂就以崭新的形象再次问世，新系列全部以工业程序生产。这些美轮美奂的时计，蓝本由一家有名的公司构思设计，而此时第二次世界大战爆发，所有制表公司必须转而生产军工产品，格拉苏蒂公司也未能幸免。直至 1994 年联邦德国和民主德国合并后，

格拉苏蒂(Glashütte)：钟表重镇的浴火重生

格拉苏蒂才在世界表坛恢复原有名称。

凭借坚毅奋斗的精神和精益求精的品质保证，格拉苏蒂重新屹立于世界表坛。全新的发展方向源于一种与时并进的睿智。当时手表日渐流行，而有购买力的消费者也愈来愈多，腕表顿成时尚，格拉苏蒂也顺应时势，依循这股潮流而发展。

由于格拉苏蒂不懈地朝着目标迈进，致力于改革产品的精确度，秉承着追求卓越的精神，成就了多款巧夺天工的瑰宝。

格拉苏蒂的工厂已经有超过160年的历史，并且完整保留着

老旧的房子

德国制表工艺的传统，每一块手表都达到了该地区的工业标准。格拉苏蒂能够从产品的发明、设计，到制作工具、生产零配件，再到产品的装配、打磨、包装等，完全是由格拉苏蒂原厂完成。

德国表具有独特的风格，格拉苏蒂表也是如此，德国的工业比较注重技术，工厂的技术含量很高、功能性很强，产品耐用。而德国的钟表业也保持着这种传统。另外，德国表一般不像瑞士表那样注重表盘的设计，手表的尺寸也不如瑞士表那样精巧。德国表的设计比较简单、实用。现

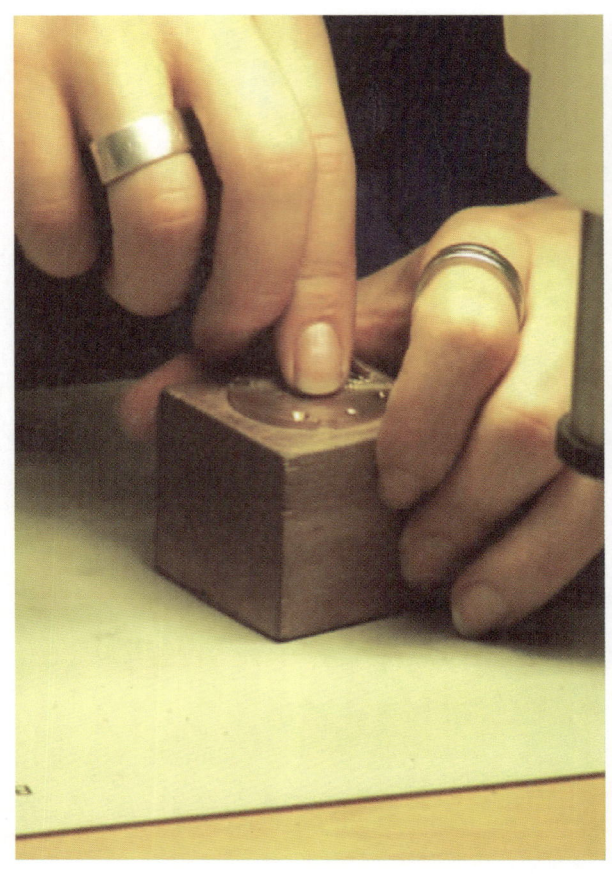

在格拉苏蒂的多项专利仍为人们津津乐道，为德国制表业奠定了基业。格拉苏蒂不仅云集无数首屈可指的表匠，也汇集不少表壳匠、指针和摆轮制造商，并为致力研制优质腕表的公司供应德国制配件。

格拉苏蒂不但是德国精确钟表业的典范，也是当代重要的制表中心之一，与瑞士的制表业并驾齐驱。

手工打磨

需求停下来的地方，便是奢华的起点

陀飞轮是钟表制造艺术的最高境界。法国表匠贝若古特（Abraham–Louis Breguet）在1800年左右发明了陀飞轮表。贝氏观察到钟表的运行是会受到地心引力影响，而出现误差的；视乎地点、位置等因素，摆轮的摇摆速度会被加快或减慢。这些误差虽然无可避免，但却可以互相抵消：陀飞轮中的摇摆和擒纵系统是藏在一个转动的小"笼子"内，通过此设计可以抵消由地心引力所引起的误差。1920年，格拉苏蒂的钟表匠贺卫格（Alfred Helwig）改良了一般的陀飞轮设计，创制了比一般陀飞轮更精细的"悬浮式陀飞轮"，被业内人士称为"钟表制造艺术的顶峰"。

2000年格拉苏蒂推出了全球首创的机械计时图（Chronograph），名为帕诺复古图表款型。它的顺、逆时钟计时功能在机械表中是史无前例的。因此当钟表玩家们在2000年和2001年把它选为"全年最佳钟表"时，也是理

格拉苏蒂(Glashütte)：钟表重镇的浴火重生

所当然，不足为奇。此外，2005年推出的帕诺百年灵也被推选为当年的最佳钟表，梅开三度。

后记：相对于其他品牌而言，格拉苏蒂不仅在制表方面取得了伟大的成就，更为德国制表行业的制表人才的培养奠定了坚实的基础。制表学校的创立，更成为众多钟表匠的成长摇篮。

格拉苏蒂大事记

1845年，费迪南·阿道夫·兰格在格拉苏蒂成立首间制表厂。

1827—1886年，朱利叶斯·阿斯曼早年协助岳父打理业务，其后于1852年创办个人企业，开始制造怀表。

1863年，格拉苏蒂首款设有计时秒表装置的腕表面世。

1874年，格拉苏蒂出品的最小巧女装腕表面世（直径25毫米）。

1875年，路德维希·斯特拉瑟与古斯塔夫·罗德开设斯特拉瑟和罗德机械时计工场，凭借精确无误的钟摆时计在业界创出名堂。

1826—1885年，莫里茨·格罗斯曼在格拉苏蒂成立德国制表学校。

具有古典风格的怀表

182 腕上迷津——精准的奢华
RIGHT TIME:EXACT LUXURIES

飞行员系列世界时腕表

格拉苏蒂(Glashütte)：钟表重镇的浴火重生

1921年，原型格拉苏蒂名称首次出现在表面上。

1990年，合并后的国营德格拉苏蒂改组为私营格拉苏蒂股份有限公司。

1995年，格拉苏蒂成功适应市场后，于1995年春季推出首款产品。朱利叶斯·阿斯曼设有万年历和浮动式陀飞轮，呈献格拉苏蒂现代史上最精密昂贵的腕表。

1996年，1845产品系列面世。重点推介：1845浮动式陀飞轮。

1996年，推出格拉苏蒂运动系列。

1997年，展出Senator系列及运动女装系列。

推出朱利叶斯·阿斯曼2：格拉苏蒂出品的精巧机械，表面由麦森薄如纸笺的手绘搪瓷制成。

1998年，推出格拉苏蒂方形表型号。重点推介：方形表陀飞轮。

1999年，推出议员万年历表。该型号结合了多项享誉高级钟表业的复杂技术，设计时尚实用。

2000年，议员万年历表荣获"2000年德国最佳腕表"大奖，与全球最大钟表集团——钟表集团股份公司建立策略性联盟。

2001年，国际首次展出帕诺复古图表，全球首款可倒数计时的机械计时表。它是格拉苏蒂第二款荣获德国"全年最佳腕表"大奖的时计。展出另一款式时计：浮动式陀飞轮2。

2002年，为阿尔弗雷德·赫尔维希制表学校举行开幕典礼，展出朱利叶斯·阿斯曼3。

帕玛强尼（Parmigiani）：短暂却惊人的历史

> 导语：帕玛强尼（Parmigiani）品牌创立仅有十几年的时间，却已经在国际上赢得声誉，并同时保留其对腕表无论是美学上或机械上的超高质量要求。这就是帕玛强尼与众不同之处。

短暂却惊人的发展历史

自1996年帕玛强尼（Parmigiani）品牌创立之始，已有全盘扩大发展的计划。透过收购不同类别的制造厂以巩固帕厂的关键生产程序。

跟帕玛强尼制造厂相辅相成的三个被收购生产单位，包括位于拉舒迪芳（La Chaux-de-Fonds）的自动对焦型具（Affolter）制造厂、位于艾尔（Alle）的阿托卡罗牌（Atokalpa）制造厂及蒙堤亚（Moutier）的艾尔温（Elwin）制造厂。3个厂家的专业分别是表身外观设计、微机械工程学及精细计算机钻工。

2003年1月正式命名成立了福莱营维素尔制表厂（Vaucher Manufacturer Fleurier）。

在短短10年间，帕玛强尼厂方已自行研发出5种手工上弦或自动上弦

帕玛强尼工作间

帕玛强尼（Parmigiani）：短暂却惊人的历史

2009 年，帕玛强尼开发了一系列的计时腕表，用以表达对意大利高级游艇制造商——博星（Pershing）独家合作伙伴关系的重视

腕上迷津——精准的奢华
RIGHT TIME:EXACT LUXURIES

机械机芯，并已套用于卡罗牌特大号 8 日炼、卡罗牌自动腕表、环形圆纹万年历、30 秒陀飞轮及布加迪类型 Type 370 腕表，成为这些名表的核心驱动装置。

目前，帕玛强尼已聘用近 250 名制表工匠。他们每日不断钻研及提升钟表技艺，巩固帕玛强尼的高级腕表制作地位。

年轻的创始人 帕玛强尼先生

在 1950 年 12 月 2 日出生在瑞士古伟（Couvet）的米歇尔·帕玛强尼，在纽素庭省的查维尔河谷（Val-de-Travers）长大。这是一个世外桃源，其自然景致非常适合静思冥想。

帕玛强尼追求精密、准确

对帕玛强尼而言，17 世纪左右时在此省飞速发展的精细机械工业，其丰富遗产成为崭新思维的温床，也经常提醒他，这里是非常有潜力、非一般的智识泉源。

深受上一世纪一位杰出制表匠腓德勒·博法（Ferdinard Berthoud）的事迹感动，也同时对当代少数几位制表大师的作品深感兴趣的帕玛强尼，自童年起即以第一手经验体味真正巧匠的世界，这些巧匠的创意活动都是由他

帕玛强尼(Parmigiani)：短暂却惊人的历史

们灵巧的双手引领的。

米歇尔·帕玛强尼对所有艺术工业都展示出无比浓厚的兴趣，他对小提琴宗匠制作的作品，欣赏之情绝不亚于对钟表宗匠的杰作。他对钟表艺术的执著全发自内心的情感——对自由领域的向往。

米歇尔·帕玛强尼很早就在位于弗勒里耶（Fleurier）的钟表学校里修读了三年的造表课程。接着，他到了拉芍芳的工专（Technicum in La Chaux-de-Fonds）接受各种造表技术的持续训练，之后又在莱诺工专（Technicum in Le Locle）的微型机械工程部再接受一年训练。完成课程以后，瑞士的制表学校监督都给予他特级卓越成绩，以表扬他是一位天赋过人的制表匠。

自帕玛强尼的年代开始，他的骄人地位让他可以参与修复一些不平凡的时计产品，并跟当地显赫的制表家族后人马素·尚维莎（Marcel Jean-Rid）携手合作。

帕玛强尼博星(Pershing)计时腕表 002

他还有机会接触到生产天文钟的最后阶段工序，这一方面的知识及经验，对帕玛强尼的影响实在难以估计。从1975年算起的10年内，不同的著名收藏家都对帕玛强尼表示信心，并且把他们私人珍藏的一些名家作品交与他修复、保养。可以说，他以他的双手亲身经历了逾450年的钟表历史。

他热衷于把工作干到最好，更热望他修复的那些时计，无论在技艺或是美术素质方面都可以传之后世。

帕玛强尼的经典代表作之一（KALPARISMA）

在1975年，当瑞士钟表工业处于水深火热的时候，米歇尔·帕玛强尼决定成立自己的公司。与潮流相违，他决定参与制表的冒险历程。作为机械技师及工具制造专家，他的父亲的作用也举足轻重。米歇尔·帕玛强尼现在把他的大部分精力用在修复划时代时计产品、创作新的表芯及替一些著名品牌制作钟表完成品上。著名的博物馆，诸如巴黎的装饰艺术博物馆（Paris Museum of the Decorative Arts），都把他们的力作交给他。主要的私人藏品，比如山度士家族基金以及一所著名瑞士博物馆的藏品，也是交由米歇尔·帕玛强尼修复的。

由百里居制作的交感座钟（Pendule Sympathique），是一台非常杰出的钟表。专家们一直认为因为无人能修复它，杰作将会成为永久。结果，帕玛强尼大师及他的同事亲手在1991年把它修复好。今天，交感座钟已全然恢复往昔光彩。

在1996年时，山度士家族基金取得了帕玛强尼公司的主要股份，并且促成了生产帕玛强尼品牌的时计系列。基金会的承担，反映了他们对那些于

帕玛强尼 (Parmigiani)：短暂却惊人的历史

瑞士质量名誉及创意有贡献的业务及计划或者是对瑞士文化传统声誉有嘉的事业赋予支持。

在 1996 年，怀表、小型座钟以及腕表在帕玛强尼公司的制造厂中锋芒初露。因为绝大部分生产过程都是在自设厂房内完成，帕玛强尼因此有特别宽阔的创作空间。他把握机会创制了东方之花（La Fleur' Orient）是一台极品时计作品。由于东方之花在机械与美术上的创新度，巧匠们足足花了20000 小时方大功告成。

米歇尔·帕玛强尼的业务范围今日集中在三个主力层面：修复古董钟表、为主要钟表品牌特别制作的型号以及帕玛强尼系列品牌的腕表。

到了 1997 年，帕玛强尼腕表系列在日内瓦展览会

帕玛强尼的经典代表作之一

上初试锋芒。在国际市场上崭露头角之余，也在那些喜好精良机械时计的鉴赏名家圈子里声名鹊起。

在 1998 年，一只由弗朗索瓦·迪科曼（Francois Ducommun）在 1817 年制造的浑天仪钟，经修复后得以保存。浑天仪钟具有月球与地球围绕太阳运转的显示，现在这台时计是米兰的堡垒博物馆古董时计部的最佳藏品。

1999 年时，帕玛强尼的作坊每年生产约 900 只钟表作品。帕玛强尼腕表系列中采用了两款百分百原厂精造的表芯。两种表芯都是由米歇尔·帕玛强

尼及他的队伍设计的，分别是在1998年推出的8天储炼手工上弦机械表芯PF110与在2001年才推出的PF331自动上弦机械表芯。

由2000年末到2001年初，山度士家族基金首先在汝拉山谷地带收购了专门制作特高质素主要机械部件的阿特卡勒帕公司，接着又收购了擅长车床工作、精密制模及制作表芯中超微型机械钟表部件的埃尔温。这两桩收购行动为帕玛强尼品牌形成了一个不只是供帕玛强尼品牌支撑的卓越制表中心，同时，也可以为其他知名品牌服务，并且替帕厂的持续发展提供适当的增援。

在2002年，帕玛强尼厂生产了2000只腕表。

2003年，米歇尔·帕玛强尼司掌帕玛强尼公司主席及行政总裁一职。

2005年，在短短10年间，帕玛强尼成功地为它的制表基地配备了最优质的工具以确保他们生产的腕表具备最高质素。全纵合的生产设施（vertical integration）让帕玛强尼制造厂成为极少数建基于瑞士的真正全设备高级钟表生产商。

帕玛强尼的经典代表作之一

完整的生产工艺

要确保整只腕表各方面都达到帕玛强尼厂的严谨质素要求，唯一的方法是制表厂完全掌握整套生产工序，在内部自行生产所有部件。在2005年，

帕玛强尼（Parmigiani）：短暂却惊人的历史

经过 5 年时间的研发，福莱营维素尔制表厂终于能够自豪地宣布它能自行生产对机芯运作起决策性作用的调校装置：包括摆轮、游丝及擒纵马仔。帕玛强尼厂能够自行生产这些组件并不代表它完全停止与这些组件的一贯供货商尼瓦洛斯（Nivarox）的合作关系。帕玛强尼厂的目标是配合机芯需求而提供多元化的组件以供选择。帕玛强尼厂集中力量，按照每个机芯的严格技术要求特别打造高质素的部件，不会从事量产，贯彻高级机械腕表"量身定做"的理念。只有技术独到的制表巨匠才能研发擒纵器和调校装置这些关键性的部件，而此等专材现今世上已寥寥无几。帕玛强尼厂核心的特殊研发小组由 20 多位来自不同背景的制表专家组成。当中的部分专家负责主要阶段生产工序，剩下的程序则由在阿特卡勒帕边界工作多年的微机械工程学家全盘开发创造。

帕玛强尼的经典代表作之一

专责研发部门在整个生产发展、培训及实践上担当着主导的重要角色。研究人员根据他们对冶金学及化学等方面的知识，创造了一种合金材料，可以有效地达到游丝需要的伸缩性，同时在温度及磁场变化下不受影响。为了追求最超卓的水平，帕厂量身设计了一套铸造程序，安排由专门的铸造厂铸制生产，这样便可以全面掌握及控制产品的质量。

摆轮、游丝及擒纵马仔的生产现由 12 位专家笃力生产。

自行生产摆轮、游丝及擒纵马仔其实是为未来富有刺激性及创造性的生

腕上迷津——精准的奢华
RIGHT TIME:EXACT LUXURIES

产大方向铺路。帕厂专家从中积累的超卓钟表学知识及技术有助于开发出更有效的合金甚至全新的擒纵系统。

帕玛强尼网罗了各方制表工艺大师，以到在研发、设计、表的外部构造（表盘及表壳的设计概念及生产）、微机械工程技术（机械工具的设计概念及生产）、精确的工模修葺（用作制造机芯组件）、机械协作、装配及包装等各方面均效率超卓。

制表艺术的巅峰

在那些爱好精进机械结构及视独门制表秘技为不可或缺的爱表人圈子里，帕玛强尼致力于确保其腕表被视为瑞

全新镂空陀飞轮腕表，将帕玛强尼独到的制表工艺发扬于世士最高级制表指标基准。

高级制表，在帕玛强尼眼中不仅仅是一种哲学，更是一群人们与各式各样多元技能的展现。500名工匠，50种行业，4个生产地点，以及同样众多的地方钟表文化淬炼出帕玛强尼制表厂的身份证明；完全垂直整合的帕玛强尼制表厂，如今已深植在高级钟表业的版图当中。30多年以前，帕玛强尼便在韦尔德·特拉弗斯山谷的中央地带奠定了今日的基础；归功于此富乐业品

帕玛强尼（Parmigiani）：短暂却惊人的历史

牌，如今此地区令悠久的钟表技术再度发扬光大。

自 2000 年起，帕玛强尼在山度士家族的支持下，不断突破许多重大技术挑战，确立了令人信服的瑞士工艺技术。整体的工业与工艺中心由此确立，整合腕表由里到外从最稀有到最基本的所有工艺技术。从游丝到齿轮、从表壳到表盘，集合所有必需的环节只为建立一座完整卓越、质量无可挑剔的制表厂。

今日，这种尊重卓越的理念见于全球各地，帕玛强尼所坚持的"制表厂精神"将更广传于世。

以高级订制工坊的形象，帕玛强尼将在世界各大主要城市呈现品牌精髓。帕玛强尼工坊第一阶段将自 2009 年起陆续在杜拜、中国香港、莫斯科隆重开幕。

为求拥有独立方式生产最精良腕表的工业实力，山度士家族基金会在 2000 年 12 月购入最负盛名的高质量表壳制造工坊之一阿特卡勒帕公司。阿特卡勒帕坐落于车削工业的发源地，瑞士汝拉山的阿莱一处，长久以来专精于制作各种齿轮与组成机械表活动的微齿轮组。阿特卡勒帕公司不仅能以 3D 计算机软件设计表壳，还可以计算机控制车床对最复杂的表壳进行加工，布鲁诺·阿福尔特（Bruno Affolter）集合了长久以来传承的工艺技术和最现代尖端的制程科技。自 2005 年起，阿特卡勒帕也开始生产属于擒纵装置和调教装置的零件，大约需要 20 多项的零件方可构成：擒纵轮、擒纵叉、夹板、摆轮、游丝。

制造这些零件需要完全精通一整套的作业程序：切割平整材料，例如齿轮，将

制表车间内的制表细节

制表工具

各种压轧材质型锻而成；车削简单或较为复杂的零件，例如发条轴、发条鼓、摆轮，本程序需要借助数控车削机或轮机来完成；齿轮侧面车削成型，本程序需要借助硬金属或钻石铣床；滚压零件，本程序目的在于改良材质表面状态以及获得最佳的材料密度；表面美观处理，像雕圈、螺旋图案、木磨抛光、螺丝孔倒角、套筒、磨砂；腕表活动部件组装，包括齿轮、小齿轮和齿轮轴；游丝拉丝处理，以直径约1毫米的金属线材作为基础，再以天然钻石的拉丝模将其分割为直径比人类头发更为细小的游丝；游丝轧制，本程序将游丝由圆形剖面转变成为长方形剖面；游丝成型与热处理，游丝将被固定成为弹簧形状。

无论是订制还是量产的腕表、无论是采用贵金属（18K黄金、950铂金或950钯金属）、不锈钢还是钛金属材质，布鲁诺·阿福尔特的本领在于总能够针对各种不同的制作复杂度采取与其兼容的工法。第一流的珠宝工匠至今仍然在布鲁诺·阿福尔特地区操持着这份独特的行业。他们能够完全制作表壳所需的每一枚零件。对于像帕玛强尼特尼卡系列这种集合多种复杂功能于一身的腕表，需要珠宝工匠以超过50道的工序和数星期时间的努力方可完成。

自2008年起，布鲁诺·阿福尔特也开始投注心力培训年轻的学徒（抛光、珠宝、行政领域），出师的学徒逐渐开始加入公司运作。布鲁诺·阿福尔特的目标产量希望能够达到年产10000枚表壳。

帕玛强尼（Parmigiani）：短暂却惊人的历史

技艺表厂的光明前途

帕玛强尼制表厂，借由其工业实力以及发扬高级制表固有工艺的不凡技术，致力于钟表工艺的永续传承。

帕玛强尼除了拥有奠基于高级制表圣地——瑞士的明确身份证明，如今更在瑞士韦尔·德特拉弗斯山谷地区掌握显著的工业与经济优势。帕玛强尼的历史与这座山谷无法分割。证据就是米歇尔·帕玛强尼在 1976 年选择在富乐业建立其第一座工坊，在当时这里被视为在电子机芯崛起、机械钟表工艺精髓消逝的黑暗年代中受灾最为严重的地区。米歇尔·帕玛强尼对于恢复地方工业实力的信心受到山度士家族基金会的支持。因此，在 1996 年，基金会决定协助其创立帕玛强尼品牌。自此，钟表工业与手工艺的网络重新建立，相继使得其他顶级品牌进驻到此地区。作为先行者，帕玛强尼明白必须为数百年的钟表行业重新注入活力，因此借由旗下的制表工业中心在富乐业创造了超过 350 个就业岗位。为了使其希望复兴的卓越钟表工艺能够传承不断，在实务上制表厂于各个部门领域内培训学徒。

不仅在此地区，帕玛强尼今日扬名全球，在全世界五大洲拥有约 250 间专卖店。每年在制表厂内，依循瑞士钟表的最高质量标准，生产约 5000 多只腕表。

自 2000 年起，帕玛强尼在山度士家族的支持下，不断突破许多重大技术挑战，确立了令人信服的瑞士工艺技术。完整的制表工业与工艺中心也由此确立（MHF：基金会制表厂群），所有的工艺技术在此整合。从游丝到齿轮、从表壳到表盘，集合所有必需的环节只为建立一座完整卓越、彻底垂直

制表工艺要求十分严苛

制表过程中使用的各种零件

整合的制表厂。为了让现存的制表厂更为完善，并且获得想要的工业独立自主，在瑞士拉绍德封以及优瑞地区所购入的各间制表单位举足轻重：边界（位于阿莱），车削公司，生产机芯所需的所有零件；埃尔温（位于穆捷），专精车削以及车床设备；布鲁诺·阿福尔特位于（拉绍德封），表壳制作公司。12年内，制表厂的第三方增加了10倍。完整的工业中心如今拥有500名工匠、50种行业、4座制造中心以及同样丰富的地区钟表文化。

创立于瑞士穆捷的埃尔温，自2001年1月起成为山度士家族基金会旗下制表厂的一员。埃尔温专精于钟表车削工业，特别是摆轮轴制造的家族第三代于1912年成立。

埃尔温制作计算机控制车床以及设计相关软件的能力同样十分出名。作为驰名的精密车削供货商，生产钟表微机械零件，其两大主轴——车床研发设计和车削，使其得以维持不凡的技术水准并且在制作方法上保有无可比拟的创新能力。拥有如此优势的埃尔温即将推出全新革命性的车床。此外，也将展开厂房的扩建工程。

维素尔钟表制造公司成立于2003年11月。它代表着帕玛强尼钟表艺术公司（米歇尔·帕玛强尼于1976年创立）一分为二成为两间姊妹企业：制表厂和帕玛强尼品牌。其制表业务与帕玛强尼品牌的营销业务从此明确划分。

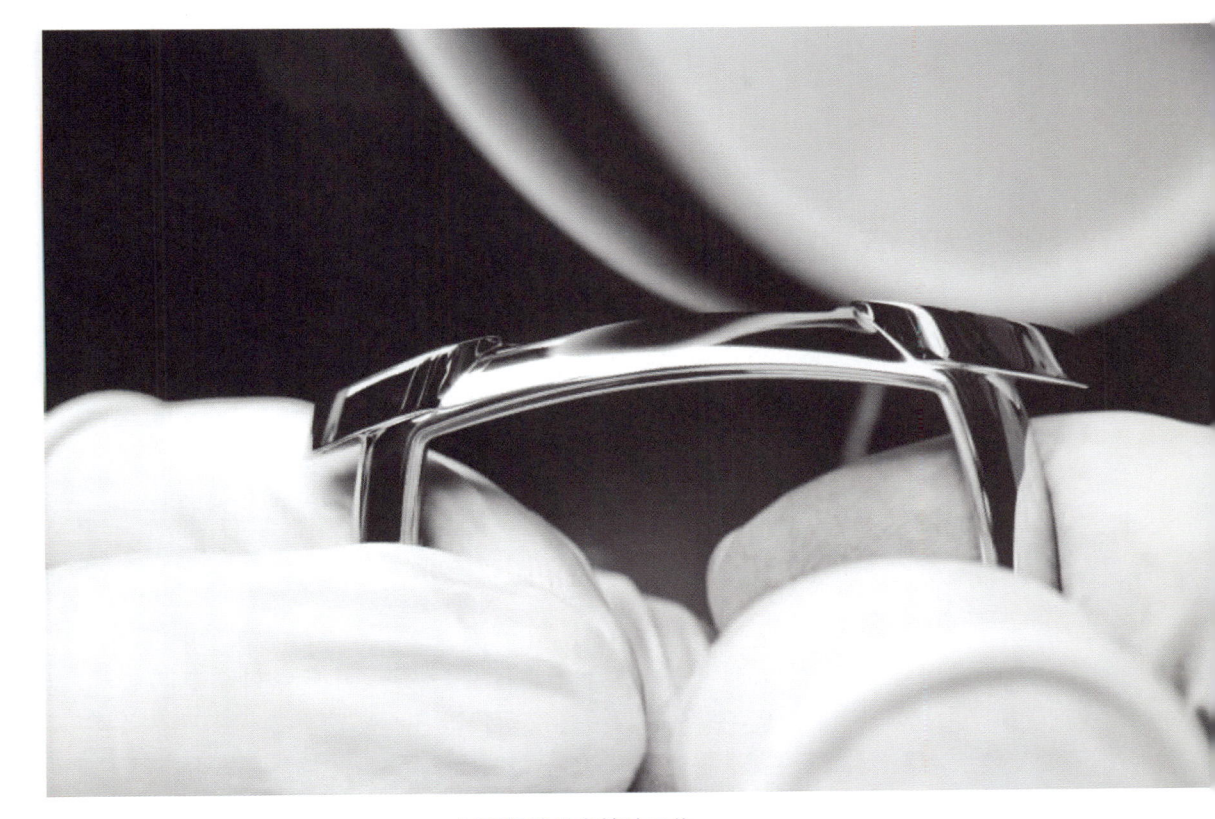

帕玛强尼(Parmigiani):短暂却惊人的历史

制表师精益求精地工作

维素尔钟表制造公司坐落于瑞士富乐业地区,专精于"高质量"和"顶级"制表领域,并为帕玛强尼制作一系列符合其形象的高质量机芯。维素尔钟表制造公司的成立也代表着将继续米歇尔·帕玛强尼过往所建立的"私有品牌"业务。如今,维素尔钟表制造公司为其他厂牌所制作的高质量机芯数量不亚于为帕玛强尼所提供的产量,这让山度士家族专门订制的工业设施能够更加物尽其用。维素尔钟表制造公司包含研发部门、数控车床加工部门,用于制作机芯夹板、夹板桥和部分钟表零件;重要的机械工坊;数座预组装、组装、表壳组装工坊;教育训练,针对机芯夹板、夹板桥装饰以及所有零件手工倒角;电镀。维素尔制表厂的制表业务现在分别在富乐业地区3座厂房中进行。山度士家族基金会在本地所购入的40000平方米土地将可以让所有业务和第

制表匠皮特

三方汇集到一处。

如果缺少高质量的表盘制作公司，制表厂的垂直整合便无法称得上完整。2005年12月，为了获得完整自制能力并呼应卓越的质量要求，为了提升面对需求的反应力并激发不可或缺的创意，国都兰斯·海贝芝表盘制作公司于是成立并整合进入制表厂的工业结构。幸而得此制造单位资助，表盘方可呈现独一无二的面貌。表盘的基底，在内部透过计算机控制车床加工，然后经过镂刻，再透过漆面处理或电镀上色。最后再由表盘制作工匠进行移印标示与镶贴作业。整体工作赋予帕玛强尼或其他厂牌表款量身订造的创意优势。

在富乐业购得40000平方米的土地之后，富乐业维素尔钟表制造公司（汇集了所有机芯制造所需的业务，透过工业化程序，从研发到精密时计、零件制作及组装）将整合其富乐业现有的3座制造中心，并集合所有的第三方（包括约六十余名组装及表壳组装工匠）于一处。全新厂房将拥有6600平方米的总面积。预计建造的第2座建筑将整合所有的教育训练以及行政业务。同样在扩建的还有埃尔温公司，预备供其持续成长的车削部门使用。全新的1600平方米的厂房将可以容纳50多部车床。

后记：面对日新月异的技术挑战，帕玛强尼的发展步伐从不间断。每一个时计生产工序都显示出帕玛强尼制造厂的非凡工艺及可靠度。虽然成立时间较短，但是帕玛强尼已经表现出了品牌特有的魅力以及非凡的气质。

帕玛强尼大事记

1976年：米歇尔·帕玛强尼开创事业生涯，投身古董钟表的修复工作。

帕玛强尼 (Parmigiani)：短暂却惊人的历史

作为帕玛强尼 2009 年抢先呈献的首波系列表款，通达曲线腕表拥有两项主要创新特色：品牌创立以来从未有的复杂功能

成立帕玛强尼工坊。

  1978 年：拓展知名钟表商的私有品牌业务。

  1990 年：成立帕玛强尼钟表艺术公司。

  1996 年：山度士家族基金会取得帕玛强尼钟表艺术公司多数股权，成立帕玛强尼品牌，品牌内容包含腕表、怀表和座钟。

1998 年：备有 8 日链的 PF 110 手动上链机械机芯面世，机芯完全由帕玛强尼设计制造。

2000—2001 年：山度士家族基金会购入多家制表和装配厂：布鲁诺·阿福尔特：表壳制作公司（2000 年 5 月购入），边界车削公司（2000 年 12 月购入）和埃尔温车削和装配机器公司（2001 年 1 月购入），大幅强化了帕玛强尼钟表艺术公司的独立制表能力。

2001 年：性能 331 自动上链机械机芯面世，机芯完全由帕玛强尼设计制造，并于全新型腕表系列卡勒帕中使用。

2002 年：性能（PF）333 逆跳万年历自动上链机械机芯面世，机芯完全由帕玛强尼独立设计制造。

2003 年：帕玛强尼钟表艺术公司改组为：帕玛强尼富乐业公司和富乐业维素尔制表厂。

2004 年：布加迪型（Bugatti Type）370 腕表面市，全球首创横断式机械机芯，此乃腕表史上前所未见的新发明。

2004 年：PF 性能 500 机械机芯诞生，首创 30 秒陀飞轮搭配中央秒针，7 日链。机芯设计生产全由帕玛强尼独立制作。

2004 年："富乐业品质认证"（Certification Qualité Fleurier）创立。建立完整且严谨的检验标准，以传承高级钟表的优良传统。帕玛强尼为创立成员之一。

2005 年：向全球媒体发表旗下的富乐业维素尔制表厂成功独立自制的 AK 215 平衡摆轮（包含游丝与调校装置）。

2005 年：开始赞助热气球运动。

2006 年：帕玛强尼成为瑞士代堡国际热气球周"首席赞助商"并且获得以品牌颜色量身订造的热气球一座。

2006 年：帕玛强尼首度推出女装腕表系列。

2006 年：每年约生产 4000 枚腕表。

2006 年：庆祝帕玛强尼先生制表生涯 30 周年。

2006 年：帕玛强尼与瑞士航海家伯纳德·斯塔姆（Bernard Stamm），从威卢克斯（Velux）5 号海洋单人环球航海赛事开始奠定稳固的伙伴关系。

2006 年：成立国都兰斯·海贝芝公司，汇集生产表盘所需的专业技术。

2007 年：第一款卡帕曲线（Kalpagraph）运动系列诞生，结合第一批帕玛强尼 PF 334 计时腕表机芯。

2007 年：国际文化合作伙伴：帕玛强尼成为蒙投爵士音乐节（Montreux Jazz Festival）与蒙投国际爵士音乐节（Montreux Jazz Festival Worldwide）全新的钟表合作伙伴。

2007 年：帕玛强尼与瑞士航海家伯纳德·斯塔姆共同迈向初次胜利：伯纳德·斯塔姆在 2007 年春天的威卢克斯 5 号海洋环球航海赛事中获得第 1 名的伟大成绩。

2007 年：每年约生产 5000 枚腕表。

2007 年：维素尔制表厂在富乐业地区购入 40000 平方米土地，以满足其扩建需求。公司希望能将分处于三个不同位置的研发单位、钟表原型制作单位和制造组装单位汇集一处。

2008 年：帕玛强尼与博星（Pershing）游艇制造商（隶属于法拉帝(Ferretti)集团）于 2 月 27 日在意大利蒙多尔福展开全新合作。

2008 年：推出第一批博星系列运动腕表，揭露双重计时秒表设计。

2008 年：与蒙投爵士音乐节的文化合作伙伴关系持续进展。帕玛强尼成为活动中少数的首席赞助商之一，知名度大增。

2008 年：500 名员工汇集在名为 MHF（基金会制表厂群）的工业与工艺中心内，结合了帕玛强尼品牌和富乐业维素尔制表厂，国都兰斯·海贝芝（Quadrance et Habillage）公司、布鲁诺·阿福尔特公司及边界和埃尔温公司一切专精的项目。

百达翡丽（Patek Philippe）：绝对印记

> 导语：对于手表而言，其魅力不仅源于手表本身，同时更是品牌独特的吸引力，而使更多的人趋之若鹜，望尘莫及。百达翡丽，便是绝对印记之一。

提起手表，人们首先想到的词汇便是"百达翡丽"。或者，我们无权对于所谓的第一、第二做一个公正的评断和论述，但是你却绝对无可否认，百达翡丽带给人们的不仅是震撼，更是一件件传世的经典之作。

百达翡丽，是一家始于 1839 年的瑞士著名钟表品牌，其每块表的平均零售价达 13000 美元至 20000 美元。百达翡丽在钟表技术上一直处于领先地位，拥有多项专利，其手表均在原厂采用手工精致，坚持品质、多彩、可靠的优秀传统，百达翡丽以其强烈的精品意识、精湛的工艺、源源不断的创新缔造了举世推崇的钟表品牌。

百达翡丽的开始

早于 16 世纪，钟表制造业的深厚文化已在日内瓦萌芽。日内瓦早期的钟表制造者不仅是工艺师，更怀着一种近乎狂热的热忱，务求其作品在外形及性能上达

百达翡丽精品店

百达翡丽（Patek Philippe）：绝对印记

到完美。这种力求完美的钟表制造精神世代相传，及至1838年，更成为百达（Antoine de Patek）的创业基础。数年后，钟表师翡丽（Adrien Philippe）加入其公司，不久，两人更合力改变了钟表制造业的历史。他们创出各项新发明，取得多项专利，例如表冠上链及调校装置，并以其机械机芯的精确度创下多项纪录，至今未被打破。

百达翡丽的创始人安东尼·百达（Antoine de Patek）原为1831年波兰反抗俄国统治的革命者。

百达翡丽久负盛名的"中国对表"

1832年，年轻的波兰军官安东尼·百达（1811—1877）哀伤地回首眺望了他的祖国最后一眼，带着亡国的伤痛，踏上异乡的土地，迎接另一段遥不可知的人生旅途。1831年11月，波兰爆发壮烈的民族革命，安东尼·百达英勇抵抗俄国的占领。虽然他在沙场上英勇作战，还受过两次枪伤，但这场战争终究因为寡不敌众而在翌年宣告失败。16岁就从军的他不得不流亡到法国，离开他挚爱的土地。两年后，法国政府屈服于俄国的压力，安东尼·百达和他的同志们只好再度流亡到瑞士。

归国之路遥遥无期，安东尼·百达做过酒贩和画工，在现实的生活中试着

著名的百达翡丽表厂

找寻漫长人生的另一条道路。后来在莫罗家族的引介之下，安东尼·百达进入了怀表制造的行列，再度燃起他那革命家的热情。1839 年，安东尼·百达和他的波兰制表师同乡弗朗索瓦·恰佩克（Franciszek CZApek）共同创立了百达钟表公司。1844 年，安东尼·百达与简·翡丽（Francois Czapek）在巴黎一个展览会中相遇。当时简·翡丽已经设计出表壳很薄，而且上链和调校都不用传统表匙的袋表。这种袋表在展览会上受到漠视，而安东尼·百达却深深地为其新的设计所吸引。两人经过一番交谈，立即达成合作的意向，就这样，简·翡丽加盟百达公司。1851 年，百达公司正式易名为百达翡丽公司，两人的信念一致、专长互补，称霸表界的霸主由此诞生。

百达翡丽的厂标由骑士的剑和牧师的十字架组合而成，也被称做"卡勒多拉巴十字架"。它的由来是源于一个故事：1185 年，西班牙一个叫卡勒多拉巴的城市受到摩尔人的侵略，勇敢的牧师雷蒙德和骑士迪哥·贝拉斯凯斯率

百达翡丽（Patek Philippe）：绝对印记

百达翡丽久负盛名的"中国对表"

百达翡丽早期的广告

百达翡丽早期的广告

领民众进行了殊死的抗战，最终把摩尔人赶走。牧师（十字架）和骑士（剑），合在一起便成为庄严与勇敢的象征。该象征正好代表着安东尼·百达与简·翡丽合作的精神。这个厂标从1857年便开始使用。

1901年，百达翡丽公司再次更名为百达翡丽钟表制造厂（"Ancienne Manufacture d' Horlogerie Patek Philippe & Cie，S.A."）。查尔斯和吉思·斯特恩两兄弟收购了百达翡丽钟表制造厂。从此之后百达翡

206 腕上迷津——精准的奢华
RIGHT TIME:EXACT LUXURIES

百达翡丽久负盛名的"中国对表"

丽一直是一个家族企业。2009年,公司管理权正式由第三代继承人传承至第四代继承人:蒂埃里·斯特恩(Thierry Stern)出任总裁,而其父菲力浦·斯特恩(Philippe Stern)担任荣誉主席。

伟大的品牌精髓与百达翡丽印记

钟表爱好者贵族的标志是拥有一块百达翡丽表。高贵的艺术境界与昂贵的制作材料塑造了百达翡丽经久不衰的品牌效应。百达翡丽是公认的世界上最好的钟表品牌之一,卓越的技术与一丝不苟的制作精神使其独步世界高级钟表业150余年。"品质、美丽、可靠"是百达翡丽始终如一的优秀

百达翡丽久负盛名的"中国对表"

百达翡丽久负盛名的"中国对表"

近百年来，百达翡丽一直信奉精品哲学，遵守重质不重量、细工细作的生产原则。主旨只有一个，即追求完美。它奉行限量生产，现在每年的产量不过2.5万到3万只。在长达约一个半世纪中，百达翡丽出品的数量极为有限（仅60万只），不敌一款时尚表的年产量，并且只在世界顶级名店发售。

一款表从设计到出厂至少需要5年的时间：4年的研究设计，9个月（好比孕育婴儿一般）的生产，3个月的装嵌及品质监控。如果量身定做的话，则研发所需的时间更长。那只1100万美元的天价表，便是1933年百达翡丽为美国一位银行家所特制，可显示24种不同信息：月份、日期、日落和日出时间，甚至包括纽约市任何一个晚上的星辰与月亮盈亏图。赋予钟表的时间，百达翡丽的钟表师从不吝啬。这只表历经3年设计、5年制成。长达8年的时间，只为一只表。这是何等的精品！

百达翡丽始终保持着每年手工制造一只表的传统。要拥有这只表，唯有耐心等待8—10年时间，且价格不菲，价值人民币3000万元左右，但却物有所值。在追求完美的过程中，

著名的百达翡丽表厂

百达翡丽久负盛名的"中国对表"

百达翡丽久负盛名的"中国对表"

美感无处不在，即使在看不到的表壳之下。手工打磨的连接、边角、机芯上美丽的圆形纹理，这些都是细微之处，却也经过精雕细琢。复杂功能是制表业中的顶级工艺，而百达翡丽尊崇的正是这"完美的复杂性"与"完美的精确性"的结合。百达翡丽的尊贵不仅在于它典雅的外表，更在于它内部机械的极端精密复杂性。"在最简约的外表之下，配置最复杂的款表"一直是百达翡丽信奉的准则。19世纪制造的百达翡丽表，尽管轮轴末端已在轴承上转动了逾120亿次，但依然精确得令人叹奇。

百达翡丽以尝试生产其他品牌表所不具备的优势为动力，并将创新作为传统代代相传。1989年，百达翡丽推出机芯（Calibre）89以庆祝公司成立150周年，并自豪的宣布"这是有史以来最有复杂功能的一款可携带式时计"。其中复活节日期装置、逆行日期指针、万年历设计均在20世纪80年代获得专利。 为了自身的产品优胜于其他品牌，百

百达翡丽(Patek Philippe):绝对印记

百达翡丽专卖店一角

达翡丽始终选用最上乘的材料。黄金、玫瑰金及白金，18K 金（纯度 0.75），铂金纯度高达 0.95。外形典雅高贵，融合宝石师、雕刻师等的杰出创作。高贵的艺术境界与昂贵的制作材料完美结合，塑造了百达翡丽的经久不衰。目前，百达翡丽是仅存的在原厂完成全部制表工艺并获得"日内瓦"标志的钟表制造商。"日内瓦"标志源自 1886 年，目的是保证钟表的原产地与工匠

腕上迷津——精准的奢华
RIGHT TIME:EXACT LUXURIES

百达翡丽久负盛名的"中国对表"

百达翡丽久负盛名的"中国对表"

的技艺。只有携带手工打造并自动上弦的机械机芯的钟表才能获此殊荣。而百达翡丽出厂的每一块表都符合这个标准。对于百达翡丽与表的主人而言，每一只表都是独一无二的。自1839年以来，每一只出厂的百达翡丽表都有自己的名字，每只表都被记录在案。

2009年春，百达翡丽迈入新的时代：百达翡丽今后出品的机械机芯将全部采用

百达翡丽(Patek Philippe):绝对印记

著名的百达翡丽表厂

独一无二的百达翡丽印记。位于日内瓦的这一制表工坊自1839年创立以来,始终致力于追求卓越品质与独立自主,而百达翡丽印记正是这一理念的最新硕果。新的品质印记清晰的展现出百达翡丽的真正精髓与卓然气度:至臻完美的工艺水平,远远超越外部规范与官方标准。毕竟,真正炽烈的激情必须通过内在品质加以体现。

一个多世纪以来,日内瓦印记(Geneva Seal)——百达翡丽,在机械机芯不断发展和完善的过程中,成为其恪守的品质标准,明确定义了机械机芯

百达翡丽久负盛名的"中国对表"

所需达到的最低质量水平。然而，秉承不断创新的制表传统，百达翡丽从未停止过其对持续改进时计设备性能的追求。百达翡丽作为一家"完全"制表商，不仅保持着机芯方面独一无二的深入组合水平，而且可以自己制作表壳以及其他主要外部零件。因此，百达翡丽的质量规格不仅与机芯息息相关，而且与整枚腕表紧密联系。整枚腕表毫无疑问必须拥有一种品质标签。这就需要一种新的印记，用于确定同百达翡丽时计装置的加工制造、精密调节以及终生保养息息相关的一切能力与特征。由这一日内瓦著名制表工坊推出的百达翡丽印记堪称是高档钟表行业最具特色与严格要求的品质印记。这一标准适用百达翡丽的任何机械机芯，无论其复杂程度如何。百达翡丽印记并不仅适用于机芯，它还涉及：表壳、表盘、指针、按钮、表带生耳等等，甚至涉及成品腕表的美学与功能标准。此外，百达翡丽印记同样是对走时精度的可靠

百达翡丽久负盛名的"中国对表"

百达翡丽（Patek Philippe）：绝对印记

保证——毕竟，百达翡丽腕表首先是计算时间的一种仪器。

用殊荣缔造传奇

百达翡丽公司成立后即得到一大殊荣：在1851年伦敦世界博览会上，英国女皇选中并买下了一只百达翡丽袋表。这只采用新旋柄的袋表悬垂在一

百达翡丽久负盛名的"中国对表"

百达翡丽久负盛名的"中国对表"

根镶有13颗钻石的金别针上，珐琅蓝金表盖上饰以钻石拼成的玫瑰。当时，女皇的丈夫伯特亲王也选购了百达翡丽的一只猎表。名人购精品，百达翡丽由此奠定了其贵族化的地位。为追求产品的高境界，百达翡丽在材质选用上不惜工本。早期的百达翡丽表壳，采用的材质为纯银和18K黄金。20世纪以来，大部分选用18K金（包括黄金、白金、玫瑰金等），甚至铂金。而全钢的表壳，到后来才有一小部分。百达翡丽表机芯则均采用高钻数，早期的表多在15钻以上，后来的产品以29钻为多。20世纪60年代制作的一些性能复杂的金手表，钻数竟高达37

腕上迷津——精准的奢华
RIGHT TIME:EXACT LUXURIES

钻，为同类表中罕见。

在钟表技术上，百达翡丽一直处于领先地位，拥有数项专利。从1851年"百达翡丽"获第一项"旋柄上发条"专利起，重大的专利项目计有精确调节器、双重计时器、大螺旋式平衡轮、外围式自动上链转子，以及有关平衡轮轴心装置等。仅从1949—1979年30年间，便有40项专利，其专利之多，为名表中之最。

百达翡丽公司精湛的制造技术，造就了许多顶级品牌表。1927年，应美国汽车大王柏加德的订购，公司制作出了一只可以奏出他母亲最心爱的摇篮曲的打簧表，当时价值为8300瑞士法郎。应纽约大收藏家格里夫斯的要求，百达翡丽公司从1928—1933年，用了5

百达翡丽博物馆

年时间制作出一款集时间、时差、星象图等于一身的袋表。其精妙绝伦，创下了钟表史上的里程碑。1985年，百达翡丽公司生产的940型号的多功能手表，有全自动、日历、月相、闰月、自动跳日等功能，机身厚度仅3.75毫米，为同类手表中最薄的。

百达翡丽（Patek Philippe）：绝对印记

严苛的标准与百达翡丽博物馆

每一只百达翡丽手表的完成都需要让人耐心地等待，甚至可以说是苦苦地等待。不仅因为百达翡丽严苛的技术、完全的手工，更包括百达翡丽严格的标准。

百达翡丽久负盛名的"中国对表"

百达翡丽时计的走时稳定性检测，从未装壳的机芯到最终的腕表成品的制表流程中几个阶段分别进行。装壳后的腕表的最终走时精度通过动能模拟器进行测量，必须符合以下内部精度标准：对于机芯直径大于 20 毫米的腕表，走时精度必须处在每 24 小时 –3/+2 秒之间；对于机芯直径不足 20 毫米的腕表，走时精度必须处在每 24 小时 –5/+4 秒之间。百达翡丽的陀飞轮腕表不但必须同其他机械腕表一样接受流程期间检测，而且必须符合以下更加严格的限制：最终检测期间使用动能模拟器进行测得的走时精度必须处在每 24 小时 –2/+1 秒之间。全部六个测试位置的平均走

百达翡丽博物馆

腕上迷津——精准的奢华
RIGHT TIME:EXACT LUXURIES

百达翡丽久负盛名的"中国对表"

时精度与每个位置的走时精度之间的最大偏差不得超过每24小时4秒。每一枚百达翡丽陀飞轮腕表的走时精度均记录在一份与腕表同时发出的独立签发证书上。更为重要的是：为达到内部走时精度标准，有别于只为未装壳机芯进行的传统测试方式，百达翡丽的最终走时测试在全部装配完毕的腕表上进行。百达翡丽印记属于一项全方位的品质标签，百达翡丽印记是这一家族企业的个人承诺。

目前百达翡丽仍是全球唯一采用纯手工精制，且可以在原厂内完成全部制表流程的制造商，并坚守着钟表的传统工艺。瑞士钟表界称这种传统制造手法为"日内瓦7种传统制表工艺"，意即综合了设计师、钟表师、金匠、表链匠、雕刻家、瓷画家及宝石匠的传统工艺。百达翡丽深信，由这类工艺大师的巧手所制作出的名表皆为艺术珍品，而这也是百达翡丽钟表最值得骄傲的特色。为了突

著名的百达翡丽表厂

百达翡丽 (Patek Philippe)：绝对印记

破传统，开创更理想的工作环境，百达翡丽现任总裁兼董事总经理菲利浦·史东先生从 1938 年起就开始规划与兴建全新的工厂，为的是"把百达翡丽独特的工艺及科技结合在一个屋檐下"。新工厂完工启用后成为一个完整的"成表"工厂，工厂旁的一座旧古堡被翻修成日内瓦私人珍品收藏博物馆。

百达翡丽久负盛名的"中国对表"

百达翡丽博物馆在日内瓦古老街道一座不算起眼的老建筑中，门脸比想象的要小，如果不是之前就知道，则很容易错过。橱窗中陈列着过去钟表工人使用的设备，顿时让人心生敬意，老旧的机器让人似乎仍能隐隐听到工人们敲打的声音，百年的历史仍在继续。

百达翡丽是两个伟大人物名字的组合，百达是波兰贵族，一生对

著名的百达翡丽表厂

腕上迷津——精准的奢华
RIGHT TIME:EXACT LUXURIES

艺术酷爱；而翡丽则是法国钟表工匠，技术高超，两个人在瑞士偶然碰到一起，一拍即合。一个伟大的钟表品牌就在150多年前诞生了，让后人景仰。

百达翡丽是世界上最专业的钟表博物馆，展品陈设无与伦比。许多在拍卖会多年难得一见的古董表，在这里数不胜数，令人目不暇接。故宫钟表馆里陈设的乾隆当年的豪表，在这里都能找到根源。但是人们的审美观点似乎总是更注重外表，珐琅钟表是国人的最爱，而瑞士专业人士更注重表的机芯，如数家珍般地将钟表的技术革命一一道来，带着工业革命的自豪。

为取得更进一步的发展，百达翡丽在1996年10月正式发行《百达翡丽国际杂志》，以英、法、日、中、德、意6种语言版本发行，力图通过该杂志的内容来吸引客户，提升企业形象。凡此种种，皆在证明百达翡丽不断求新、求变的经营理念，使这家百年老厂依旧充满活力，朝气蓬勃。

百达翡丽久负盛名的"中国对表"

卓越的机芯

百达翡丽(Patek Philippe):绝对印记 219

百达翡丽久负盛名的"中国对表"

百达翡丽计时表的辉煌传统

在百达翡丽众多的复杂功能表款中,计时表始终占据着其中一个重要地位,每一件作品都彰显了品牌精湛非凡的钟表制造技艺。在品牌创立之初,百达翡丽便开始累积短时计时功能方面的专业技术,随后150余年的岁月里，百达翡丽打造了款式繁多的计时表，其中大部分如今都作为全球著名博物馆的藏品向世人展示。市场上仅存的几款古董时计则成为鉴赏家梦寐以求的珍品。

百达翡丽最早设计制造的一款计时表诞生于1856年，这枚编号为10051的怀表，带有中心计时指针和跳秒辅助表盘。此款怀表的计时精度已达到了四分之一秒，完全具备比赛计时的能力，但由于没有归零装置，每次计时之前都要用另附的钥匙加以调整。

19世纪中叶起，几家专业公司开始在计时机芯生产领域占据统领地位，维克多·皮克（Victorin Piguet）制表工坊便是其中之一。该公司1880年成立于日内瓦，仅3年后便迁往谷地茹（Vallée de Joux），这一地区此后逐渐发展成为制造超级复杂钟表装置的重镇。维克多·皮克与百达翡丽建立了特殊的密切合作关系，使得该公司在历史上制造的部分最复杂精密的怀表基础机芯最终烙上了百达翡丽日内瓦工坊的标志。然而，所有机芯的改良以及部件组装过程，例如倒棱、螺转图案、抛光和装饰始终由百达翡丽工场的制表师独立完成。

1923年，百达翡丽制造了其首枚计时腕表——双秒追针计时表，确切地说，它构建在一枚小型怀表的基础机芯上。1927年前后，百达翡丽开始量产计时腕表，其中一部分具有飞返追针功能。这些腕表均采用独具装饰艺术风格的表壳，造型丰富多样：圆形、方形、矩形、酒桶形以及靠垫形。不具备飞返追针功能的表款包括经典的单钮计时表和三段计时表，两者均可通过上弦表冠中的单枚按钮实现短时活动的计时功能。操作步骤依次为开始、停止、归零。当时，这些计时表的星柱轮已经装有经过抛光的圆顶盖，时至今日，百达翡丽计时腕表的星柱轮控制机构仍在使用这种顶盖，而且最新表款的这一部件还增添了新的功能。早期的计时表还装有经典的水平离合器以及带星柱轮控制小锤和心形凸轮的归零装置。毋庸赘言，这些计时机芯亦在百达翡丽手中铸成名副其实的美学杰作。所有夹板与不锈钢部件的边缘均经过手工倒棱和抛光处理，平面部件均饰有造型优美的日内瓦纹和螺旋图案。此外，机芯螺丝槽经过斜角处理，而不锈钢摆轮齿面以及小齿轮叶均需使用硬木轮分别进行手工打磨和抛光。从一开始，由于这些复杂精细的处理工序需要耗费大量的时间和精力，百达翡丽计时腕表的产量就十分有限。

百达翡丽（Patek Philippe）：绝对印记

所有权转让以及新款计时机芯

20 世纪 30 年代，百达翡丽计时腕表迎来了黄金时代，而 1932 年则是其发展历程的一个重大转折点：斯特恩兄弟接管了百达翡丽。经过对美国市场的深入分析，兄弟二人得出结论，计时表前景光明、大有可为。1934 年，百达翡丽推出 Ref.130 计时腕表，该表在 2 点和 4 点位置设有按钮。

百达翡丽久负盛名的"中国对表"

尊贵的百达翡丽客户

该款式在后来的数十年间成为百达翡丽计时腕表的经典原型。为使计时表的生产能够长期持续，斯特恩兄弟和公司技术总监吉恩·菲斯特评估了基础计时机芯的市场潜力。评估过程中，他们发现位于汝谷（Vallée de Joux）工作室的雷蒙德兄弟公司，设计打造了 23VZ 星柱轮机芯。这款基础机芯直径为 28 毫米，厚度为 5.85 毫米，其尺寸对于当时的腕表而言可谓恰到好处。机芯的擒纵轮和驱动轮分置于独立的摆轮夹板上，刻度指针配有鹅颈形精度调节装置，计时夹板则呈新颖独特的 3 辐造型。1939 年，百达翡丽推出了首款采用改良版 汝谷机芯（Val joux）的计时表。这款计时表生产了 25 年，如今已成为时计家族之中的极品，只有在

222 腕上迷津——精准的奢华
RIGHT TIME:EXACT LUXURIES

百达翡丽久负盛名的"中国对表"

全球顶级拍卖中才能有幸一睹其风采。采用这款机芯的表款包括：在 2 点和 4 点位置设有矩形按钮的 Ref.130、带双秒追针计时的 Ref.1436、带万年历计时的两款 Ref.1518 和 1955 年版带万年历双秒追针计时的 Ref.2571 以及 1940 年完成的一款独一无二的杰作——同时具备计时功能和路易斯·柯蒂耶（Louis Cottier）独创的世界时间装置。

20 世纪 70 年代，随着石英表危机的爆发以及自动上弦计时表的诞生，汝谷公司意识到，23VZ 机芯的时代行将结束。此款机芯于 1974 年停产。但由于及时补充了库存，百达翡丽储备的机芯足以支持 Ref.2499 万年历计时表的生产，直至 1985 年。然而，随着库存即将告罄，公司开始积极寻求替代解决方案，与汝谷公司相隔不远的基础机件制造商最终获选，由此开启了 CH 27-70 的时代。

百达翡丽将 CH 27-70 推上高级计时腕表领域的巅峰

CH 27-70 融合了各类经典特征，比如：手动上弦、星柱轮控制装置以及水平离合器等。当然，这款基础机件必须进行全面改造，以达到百达翡丽极端严苛的品质标准。几乎所有部件都经过了改良或更换。出于对功能和尊崇传统方面的考虑，擒纵轮和第四轮摆夹板、计时夹板以及离合推进杆的构造均按照百达翡丽 1923 年首款计时腕表进行重新设计。轮齿外形和传动比率也有所变化，不仅优化了扭矩曲线，而且将机芯的动力储存能力提升了 20%，达到 60 小时。当然，这一新款机芯的核心部件还要数百达翡丽发明的陀螺罗盘平衡摆轮以及配备飞利浦摆轮游丝的末圈。凭借每小时 18000 半次摆动（2.5 赫兹）的频率，其计时秒针的精度可提高至五分之一秒。除了这些修改以外，这款机件还经过了一系列装饰处理，包括倒棱、抛光、打磨和磨砂，及其他各种手工装饰工序，这些精湛工艺令其成为百达翡丽机芯极具美学价值的完美典范。与百达翡丽同时期打造的各款机芯一样，这一作品也冠以日内瓦优质印记。1986 年，经过全面改进的 CH 27-70 机芯首次用于 Ref.3970 万年历计时表，该款时计表一经面市便立即成为备受追捧的表款，而 CH 27-70 也迅速赢得了"世界上最美的计时机芯"这一美誉，越来越多的腕表爱好者为其魅力所折服——为了得到这样一款珍品杰作，即使等上数年也在所不惜。1998 年，并未另外增加任何复杂功能的 Ref.5070 问市，与此同时，有关百达翡丽正在独立开发一款计时机芯的传言也渐渐展开，如同百达翡丽的所有其他自制机芯一样。

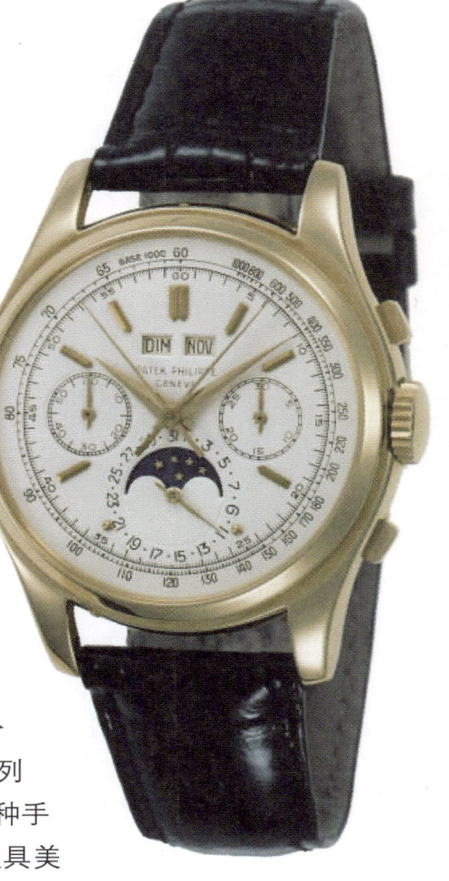

百达翡丽于 2010 年最新创作表款

腕上迷津——精准的奢华
RIGHT TIME:EXACT LUXURIES

百达翡丽于 2010 年最新创作表款

百达翡丽 (Patek Philippe)：绝对印记

百达翡丽于 2010 年最新创作表款

百达翡丽于 2010 年最新创作表款

三款独立研发制造的计时机芯

百达翡丽当时确实在考虑这样一个开发计划，因为系统开发独立的计时机芯也意味着在计时表制造领域获得充分的自主权。然而，这项计划直到 2000 年伊始才真正化为现实。开发项目启动之后，百达翡丽摸索出几种方案，其中包括一项经典构造不仅最终可以成功取代 CH 27-70，同时还可沿用带垂直离合器的前卫自动上弦机芯构造。百达翡丽独立打造的计时机芯于 2005 年首次亮相：Ref.5959 双秒追

百达翡丽于 2010 年最新创作表款

针计时表，采用了 CHR 27-525 PS 机芯。该款机芯的厚度仅为 5.25 毫米，是全世界最薄的星柱轮控制飞返追针机芯。这些腕表皆逐一手工打造，其计时齿轮采用全新的专利齿形，不仅实现了最佳动力传输效率，而且减少了摩擦。此外，CHR 27-525 PS 也是首枚完全由百达翡丽独立制造的计时机芯。

后记：对于百达翡丽想说的太多太多，150 余年的历史沉淀，让这个充满古老韵味的品牌在今天仍然弥漫着浓重的古典气息。无论是复杂工艺的显著代表，抑或王宫贵族的心爱之物，百达翡丽都名副其实地成为手表界独一无二的代表佳作。

百达翡丽于 2010 年最新创作表款

百达翡丽大事记

1839 年 5 月 1 日，百达钟表公司成立。

1844 年，百达与翡丽在巴黎相遇。

1845 年，三问怀表。专利：转轴给指针上链及设置装置。

1851 年，伦敦博览会。世界上最精巧的表款。

1868 年，百达翡丽创造出首款瑞士腕表。

1881 年，专利：精确校准器。

1889 年，专利：怀表万年历装置。

百达翡丽于 2010 年最新创作表款

百达翡丽 (Patek Philippe)：绝对印记

1902 年，专利：双针计时码表（每根针可独立停止）。

1909 年，公爵型复杂功能怀表。

1915 年，女士复杂功能腕表。

1922 年，分秒计时腕表（独枚）。

1925 年，万年历腕表（独枚）。

1927 年，帕卡德天文学时计。

1927 年，具有可记秒或不记秒的双重计秒器的腕表。

1933 年，格雷夫具有最多复杂功能的精密怀表。

1941 年，万年历装置腕表（普通版）。

1944 年，首次赢得在日内瓦天文台举行的精确度比赛。

1949—1951 年，专利：摆轮。

1953—1956 年，专利：自动上弦装置。

1956 年，全电子腕表。

1959—1962 年，专利：时区表。

1962 年，再次赢得在日内瓦天文台举行的精确度比赛。

1978 年，专利：机芯 240。

百达翡丽于 2010 年最新创作表款

百达翡丽于 2010 年最新创作表款

百达翡丽于 2010 年最新创作表款

1985 年，专利：复活节日期设置装置。

1986 年，专利：可逆时针方向旋转指针的万年历装置。

1989 年，百达翡丽成立 150 周年纪念款机芯 89。

1991 年，专利：即时日期变更装置。

1996 年，专利：年历装置。

1998 年，专利：发条张弛状态指示装置。

2000 年，星明机芯 2000。

2002 年，天上的月亮陀飞轮。

2003 年，10 天陀飞轮。

百达翡丽于 2010 年最新创作表款

2005 年，百达翡丽研制的具有硅制擒纵齿轮的 REF.5250。

2006 年，百达翡丽尖端研究部：百达翡丽推出了一款配备以硅制成的 Spiromax 摆轮游丝的腕表。同年也是百达翡丽日内瓦沙龙重新开张的年份。

2009 年，百达翡丽弃用日内瓦印记，启用自家的印记。

伯爵（Piaget）：一座里程碑的开启

> 导语：这座名为拉考奥克斯费（La C?te-aux-Fées）的小村庄，隐蔽在瑞士汝拉山区深处。根据乔治·爱德华·伯爵（Georges Edouard Piaget）的原始手稿，他就是1874年在这座朴实的小村落创立了伯爵（Piaget）表厂。一百多年来，单纯却不凡的伯爵的历史，已为这座偏僻山村的居民创造出非比寻常的命运。

伯爵的历程

在瑞士汝拉山区上的宁静村庄拉考奥克斯费，从每年的11月到第二年的4月的严酷冬日为农民们提供了研修第二专长的机会。年轻的制表师乔治·爱德华·伯爵（Georges Edouard Piaget）开启了对于擒纵结构的研究热情，并且把这个研究当做了自己的私人秘密世界。他的热忱渐渐地在家族成员里扩散开来，不久后大家都投入了高精度机芯制作的工作行列。1890年这个位于拉考奥克斯费教堂一楼的家族农庄工作坊似乎规模已经不敷使用。当伯爵创始人第14个孩子提摩太（Timothée Piaget）于1911年接管事业时，伯爵的名号已经是表界中领先优越的代名词。他将伯爵的声誉又推向了更成功的地位。

从1920年伯爵开始提供机械机芯给著名的钟表品牌，如欧米茄、江诗丹顿、卡地亚等。缜密周全的腕表机芯制作厂都仰赖着伯爵的制造，到了1942年更创造出第一个品牌广告标语"奢华与精准"。

伯爵12P机芯

1947 年时伯爵表厂外观

　　1943 年，伯爵家族作了一个重要的决定，也对品牌未来有着深远的影响：将伯爵登记注册成商标。从这一刻起，伯爵开始自己制造腕表并将品牌名号刻印在作品上进行销售。另一个关键性的改变来自于伯爵创始人的孙子佶若德（Gréald）与华伦太（Valentin）所推动，他俩创造出伯爵新的品牌视野，更在技术的研发上有着更多显著的成果，这不但为伯爵正名且在未来成为伯爵永远不变的品牌特征。

　　在当时机芯的厚度对于制表工艺来说一直都是创意的发挥限制，佶若德与华伦太兄弟俩则为了有新的表现时间的方式并且还要尽情表现腕表的美感，于是开始着手将机芯的尺寸变小。除了经典的腕表设计之外，开始设计突出的戒环表、金币表等作品。以祖传的品牌标语为激励，兄弟俩在技术面与商业面都竭尽所能且贡献野心与远见。第一个伯爵制表厂建立也为拉考奥克斯费村庄居民带来不可磨灭的印象，并尊称其为"La Fabrique"（法文"制作工坊"之意）。伯爵大部分的员工都来自于这个区域，而伯爵品牌的成功也间接地让这个区域的人得到较好的生活环境。由于佶若德的努力，伯爵品牌的名声跨越了瑞士国境，开始在国际间扩张发展，腕表与机芯的订单也从世界各地如雪片般飞至。

1957年，伯爵在拉考奥克斯费表厂发表了由华伦太研发的著名超薄9P手动上链机械机芯。一年之后他更以全新的机械机制发明获得了两项专利。厚度仅仅只有2.3毫米的12P机芯，更让伯爵登上了吉尼斯世界纪录，成为世界上最薄的自动上链机芯。为持续追求完美，伯爵决定只以贵金属制作表款，这个大胆的挑战也让伯爵因为使用黄金与纯铂金打造表款，进阶到更独特尊贵的专业地位，专精于打造贵金属作品，也让伯爵表款与众不同。

1983年伯爵赞助马球运动的历史照片

伯爵的创办人

伯爵（Piaget）：一座里程碑的开启

PIAGET 1874
La Côte-aux-Fées and Geneva

The Gold Dali

From the genius of SALVADOR DALI, his palette and his crucible, a new coinage has come to us — the GOLD DALI.

The obverse bears the famous mustachioed 'lucky antennae' profile, inseparable from the effigy of wife Gala: 'my Gravida — queller of terrors and conqueror of desire'.

On the reverse, in the likeness of our own earthly sphere — the hard yet soft element — are the eggs, teeming with life in process of formation — the world of tomorrow. For Salvador Dali, the egg is so replete with meaning that it is to be found in most of his key-works.

Enthralled by these captivating gold coins, emblems of art absolute from Dali's alchemistic smithy, PIAGET, the master-jewellers, have secured the sole right to combine them with their own 'haut luxe' production. And so you will now find '5 Dali' — '2 Dali' — '1 Dali' — '½ Dali' pieces converted, as is done with antique coins, into pendants, bracelets, rings and other exclusive items. We may add that each and every Dali coin has a 900/1000 gold content and bears a serial number. Mintage is, of course, limited.

达利创作系列目录-1

在"伯爵：制表与珠宝工艺创造者"的品牌态度下，伯爵于1959年在日内瓦罗讷河街道40号开设了第一家品牌精品店。自此之后，制表与珠宝工艺就成为伯爵不可分割的两大专业核心，随后伯爵又继续收购了日内瓦专事金匠工艺的工作坊。伯爵自此拥有两个创作研发基地：拉考奥克斯费与日内瓦。

1964年，伯爵以坚硬的宝石创作表款惊动了世界，青金石、锆玛瑙、虎眼石、蛋白石、玉石、珊瑚，以及孔雀石拥有鲜艳的色彩，也因为拥有超薄机芯而被赋予将彩色宝石加入表款设计的无限创意可能。伯爵也因大胆的风格与制作技术，成为最

乔治·爱德华·伯爵先生

腕上迷津——精准的奢华
RIGHT TIME:EXACT LUXURIES

达利创作系列目录-2

前卫的制表品牌。时尚界的焦点及名流人士如贾姬（Jackie Kenned）、安迪沃荷（Andy Warho）都为伯爵背书并赞许其突出的独特魅力。

当每一个品牌都专事自己既有的领域时，伯爵开始延伸制表创作到珠宝世界，这是一个非凡的决定，将伯爵的品牌角色从简单的腕表设计延伸到华丽的配件式腕表，挥洒出伯爵意想不到的无限创意。袖环表与长链表（sautoir）独特且原创的风格瞬间在顶级制表的世界中成为经典标记。为了打造出独特的品位，伯爵在品牌第四代传人伊夫·伯爵（Yves Piaget）的领导下，投入了最多的专业技术以创造出具有精致美感与风格的作品，并且将伯爵品牌推向了顶级钟表与珠宝的显著地位。

1967年，伯爵打破了既定的形象，与艺术家萨尔瓦多·达利共同分享挥洒创作的热情，并与达利建立起紧密且相似的创作观点。其中以达利之名铸造的达利金币表，更将伯爵品牌推向了创意丰沛的巅峰时期。伯爵预计到电子技术将成功发展，因此参与了瑞士第一枚电子石英机芯 Beta21 的研发计

达利创作系列目录–3

划。1976 年伯爵的 7P 石英机芯得到了专利保护，这也是当时体积最小的一枚石英机芯。

1979 年，伯爵从上流社会优雅的马球运动中获得灵感，并创造出伯爵保罗腕表系列。以纯金打造的独特腕表立即成为获得国际间肯定的顶级腕表新宠儿。表带与表壳间天衣无缝的接合技术，是伯爵开创的全新腕表风格，同时也创造出佩戴金质腕表的悠闲风尚。

1990 年，伯爵推出"拥有珠宝"系列，也让伯爵获得"珠宝开创者"的美名，独特风格与专业技术的完美结合，拥有环中环的设计也无疑是伯爵精湛珠宝工艺的最佳证明。为不断提升地位，伯爵继续研发更多精彩的珠宝创作。集流畅、趣味、奢华独特与优雅于一身的伯爵珠宝作品，就像焦点系列耀眼的创意，让伯爵的设计更是众人瞩目的焦点。

2006 年，伯爵在威尼斯进行了最大的合作赞助案：修复著名的钟塔机械结构，透过伯爵的支持与复原工程，钟塔再度于人们眼前重新运作。1997 年，由威尼斯政府委任，伯爵为钟塔的修复工程筹措资金并贡献专业技术，协助这个具有历史意义的独特时计继续其生命与传奇。为承袭制表工艺传统，伯爵表厂沿袭着自身的专业研发迈向永续经营，日内瓦的表厂亦于2001年扩建厂房。伯爵目前拥有超过40项的制表与珠宝专业工艺，这些专业工艺也将让伯爵能够继续将创意的梦想延续。

伯爵的出身

伯爵家族和所有拉考奥克斯费的村民一样，夏季在田野工作，白昼渐短之时则蛰居于农舍，等待漫长严冬过去。在温暖的柴火光中，他们寻找着有助于忘却严冬的办法。和许多当地居民一样，他们选择从事高精密机械机芯的制造，并迅速成为高级钟表精密制造技术的专家。在漫长的冬季，与外界隔离的伯爵家族得以不受干扰，在片刻也不能松懈的专业制作过程中保持高度的专注，本着无比的耐心，研制出精湛的制表工艺。

伯爵迅速建立了口碑，制表也成为家族的企业：不久乔治·伯爵的14个子女也加入了制表坊的工作行列。当人手短缺之时，当地村民也会立即相助，村民之间从而凝聚起强大的团结力量。

乌苏拉·安德斯佩戴伯爵POLO系列手表

伯爵20世纪70年代的广告-1

伯爵（Piaget）：一座里程碑的开启

自此，考拉奥克斯费经历了前所未有的蜕变，成为卓越传奇——伯爵表的发源地。

由最初的瑞士制表大厂的季节性机芯制造商，逐步发展至20世纪40年代，另一个伯爵的诞生几乎可以说是出于一种冲动。更确切地说，是来自刹那间的灵感——掺杂着天真的想法与创业精神，加上绝佳的信念与冒险心态……

"某一天，依偎在松树下的他们，决定生产自己的腕表，并建立自有的品牌。这在当时是个极为大胆的构想。"经过数代后，伯爵的第四代传人依芙·伯爵以平静而自信的语调讲述了这段故事，仿佛是在背诵一条可轻易预知成功的神奇公式。尽管周遭均持怀疑的态度，仍能坚信自己的领航星，是伯爵自草创之初所一直保持的优势。今日，考拉奥克斯费仍是精致钟表爱好者的天堂。然而，他们无不惊叹这个孕育如此宏大志业的摇篮所呈现的朴实面貌。

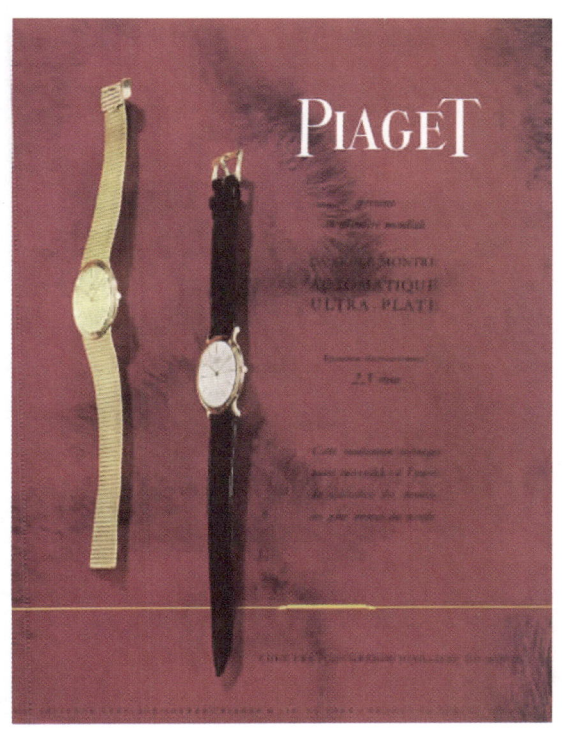

1962年的伯爵广告

伯爵创始人的孙子杰若德

超薄机芯：
伯爵的标志

多年来，伯爵秉持着其家族的座右铭："永远做得比要求的更好",不断追求技术上的突破,为"不可能"赋予新的定义。

伯爵家族一代接一代,皆为其卓越的制表技术与美学素养贡献心力。乔治·伯爵之孙华伦太,首创世界超薄机芯,这项创新随即成为伯爵的标志元素。这一经过努力不懈研究出的革命性设计,很快便成为了伯爵的同义词。较传统机芯而言,更精巧、更轻盈的超薄机芯是伯爵腕表设计改良的推动力,使表面得以添加更精巧的装饰,以及镶入璀璨的宝石……

1956年,著名的9P手动上链机芯问世,之后仅仅两年时间,伯爵又研发出极为细薄的12P自动上链机芯,厚度只有2.3毫米,使伯爵以世界最薄腕表机芯制造者之名,荣登吉尼斯世界纪录。

在同段时期,伯爵也从事石英机械装置的先驱研究,成果斐然,于20世纪70年代中期达到巅峰,获得超薄7P石英机芯——当代最细小石英机芯的专利。

今日,超薄机芯依然是伯爵表的标志,赋予其独特出众的高雅质感。和昔日一样,每只机芯均来自于考拉奥克斯费的家族工作坊精心装配而成,包括最新的陀飞轮机芯。这款造型细长的机芯,厚度仅3.5毫米,于2002年推出,是目前世界上最薄的机芯,见证了伯爵为其具代表性的产品而提升之制表工艺与技术所不断投注的心血。

伯爵 12P 机芯

伯爵 (Piaget)：一座里程碑的开启

制表与珠宝工艺：丰美的融合

　　自创始之初，伯爵便倾其专业技术，打造匠心独具、美感与技术要求并重的腕表。本着精益求精的一贯理念，伯爵于 1957 年大胆决定仅选用贵金属为材质制造腕表，使其黄金与铂金打造技术达到卓越非凡的水准。在孜孜不倦的淬炼及提升其技巧的努力之下，伯爵的制表工匠已经成为贵金属工艺的大师。风格独特、具高度创意的网状表带，象征着伯爵雄霸新领域的首度出击，也透过研发及改善种种饶富新意的贵金属铸造方法来提升腕表的质感。伯爵表不但因此转化为风华绝代的精品典范，之后更因镶钻面的广受欢迎而成为珠宝艺术杰作。及至 1959 年，伯爵已可泰然自称为"制表与珠宝工艺大师"，而此名号也预示

1965 年的伯爵广告

其珠宝表即将拥抱的美好前景。自此，伯爵从未背离完美结合制表与珠宝工艺的理念，而此两项专业丰美的融合，将继续编织出动人的故事。每只新的珠宝腕表，皆代表一个全新的挑战，创造出符合名表制造最高标准且流露迷人风采的瑰丽珠宝。若要成功克服这项挑战，必须正确掌握所有的要素：从避震功能、产品的重量、表带理想的松紧度，到镶入每颗闪耀宝石的繁复工序，缺一不可。

　　伯爵顺其自然迈出下一步，运用其珠宝表制造方面的专长，进一步发展镶嵌宝石的技巧。从严密的设计阶段，到精确的表面处理，都需要一丝不苟的高度精密性，方能创造出内外皆完美无瑕的作品。对伯爵而言，隐藏的内部与表面可见之处同等重要。为了提升一点点细微的质感，伯爵工匠会毫不犹豫地重新切割宝石，以追求完美。

腕上迷津——精准的奢华
RIGHT TIME:EXACT LUXURIES

日内瓦表厂

伯爵，珍贵腕表制造者

在 20 世纪 60 年代，伯爵以各种炫目的半贵重宝石镶饰独特表面，改变了表面制造的面貌。如黑玛瑙、虎眼石、青金石、珊瑚、孔雀石，等等，伯爵结合各式各样散发异国风情的材料，创造出举世无双多达 30 种不同的色彩组合。因此，只有伯爵方能尽显色彩之精髓。这不但揭示了表款设计的新取向，也成为伯爵绝对原创与独特设计的基础。

每年伯爵均推出根据经典表款所设计的全新珠宝款式，以及一些极为特别的创作，众人无不屏息以待各款耀眼崭新珠宝腕表的发表，堪称精品界的一大盛事。对伯爵而言，这一系列腕表的推出，是对腕表的颂扬，使其远远超越其首要功能，成为华丽卓绝的艺术精品。

伯爵认为，将其腕表重新包装演绎成精致珠宝，是一项不求回报的工作。事实上制作起来也十分困难。例如最近一只重现传统缎状纹设计的复古珠宝表便可为证。而为了在该表上呈现同样的效果，伯爵的工匠潜心研究后终于找出完美的解决方法，运用巧心将腕表的钻石倒镶，重现此独特设计。而伯爵于20世纪60年代首次推出的镯形腕表，也是本着同样的精神于每年重新设计，成为新的原创作品，这些无不成为伯爵的骄傲。

就创造独特的新作品而言，伯爵愿意随时投入时间、运用巧心来接受任何挑战。这可从

伯爵 12P 机芯

伯爵古董表款

腕上迷津——精准的奢华
RIGHT TIME:EXACT LUXURIES

一款卓越腕表的故事中看出。当伯爵的设计师在珠宝库发现两颗美丽的梯形切割钻石之后，便决定用其镶饰一只出众的女装腕表。一名男子在发现这一创作之后，随即深深地为其着迷，希望能够拥有一只同款的腕表。但是如此美丽不凡、切工出色的宝石实在罕见，寻得另一对并非易事。经过多方寻觅，伯爵终于成功取得两颗品质相当的钻石，但须再进行大幅处理以达到所要求的切工与质感。也许有人会认为这是极端愚蠢的行为，因为重新切割即意味着损失一大部分的钻石。这同时也是一场极大的赌局，因为一个微小的差错，便可能导致钻石不可使用，而所有工作也付诸流水。但是伯爵并未退缩。对其钟表大师来说，这项企划代表了一个创造真正不凡作品的机会，展现伯爵进一步精湛的

伯爵"礼仪小姐"腕表系列

珠宝制造技术。最后，他们成功克服了这项挑战，不仅赢得赌注，且大获全胜。

对伯爵而言，最精密的技术永远是运用在美感的追求上。从代表性而言，其动员大批人才的能力，足以感受到伯爵恒久的精神。

伯爵保罗系列

精湛工艺以及尖端技术

近几年来，伯爵持续投入相当可观的资金充实这座厂房。当今高级腕表的制作对于机器与设备的要求极高，不论是在新机芯的设计还是在计算机仿真方面，或是在零部件的制作与顶级质量保证方面都是如此。伯爵在产品的稳定与质量方面，自我制订了最为严格的标准。在如此精密的要求与严格水平之下，绝不允许任何随性之举或偶发事件，而且有些作业更是在绝对高科技的环境中完成。毕竟，真正的高级制表工

伯爵20世纪70年代的广告-2

伯爵古董表款

艺必须配上同样高水平的制作程序。与此同时，高阶制表技术也是人类工艺中极为宝贵的领域，在此，人类丰富的才华与精湛技术可以完全展现、尽情发挥。高级制表工坊及其优异的制表师傅位居这项艺术的巅峰，以最

腕上迷津——精准的奢华
RIGHT TIME:EXACT LUXURIES

大的耐心运用他们丰富的专业知识,创造出极为精密珍贵的计时精品。

每每谈到高级工艺的特性,一定要提及的就是,拉考奥克斯费的整个制程,乃是结合众多个人对每个组件与每只腕表近乎苛求的专注而成。不论是在修饰、雕刻、圆形打磨、抛光或者装饰方面,都被赋予这种高度的专注。这一连串在技术与美学方面的改进,有时候甚至连肉眼都难以辨识,但却最能够诠释一只机芯真正具有的价值。历久弥新的传统制作手

伯爵20世纪50年代的目录

法、机器永远无法望其项背的上乘美学敏感度,以及尖端科技的投入,三者和谐共存,为"完美"作出了绝佳的保证。

后记:目前伯爵位于拉考奥克斯费的制表工坊旗下拥有100多名员工,每年制造20000颗机芯供应自家品牌。成立至今,该厂最为傲人的成就是继超薄手动上链机芯9P机芯之后,推出

伯爵古董表款

机芯 430P——乃是最为实至名归的后继者。其姊妹款机芯 500P 机芯可以手动或自动上链，此外，机芯 504P 也是它的延伸款。最后则是机芯 551P，这个机芯具备了动能储存显示以及小秒针。

虽然伯爵的每一款腕表都是以拉考奥克斯费自家制造的机芯驱动，不过，这些赋予腕表生命的机芯，都具备一系列的细部装饰，完全展现了该品牌的固有特色。不论是日内瓦波纹环形刻纹、蓝色螺丝的使用、"伯爵制造"字样，还是机芯编号，皆展现出最为纯正的伯爵特色。

如此一间制表工坊拥有独特、珍贵且丰富的专业知识，值得善加保留并且传承下去。

伯爵 Polo 经典表款

伯爵制作之当时最昂贵珠宝表

腕上迷津——精准的奢华
RIGHT TIME:EXACT LUXURIES

伯爵20世纪40年代的广告

伯爵大事记

1874年，乔治·爱德华·伯爵（Georges Edouard Piaget）在拉考奥克斯费成立了伯爵表厂。在家族的农舍中开始制造精密腕表机芯。

1911年，乔治的儿子提摩太·伯爵继承父亲的事业，而伯爵当时亦已成为许多首屈一指的名表品牌的供应商。

1943年，伯爵品牌正式注册，从此之后，所有出厂的腕表都标记伯爵品牌。

1945年，伯爵创办人的孙子，杰若德与华伦太·伯爵，提出扩张版图的营运策略，于考拉奥克斯费建立全新厂房。

1956年，全球第一只手动上链超薄机芯9P问世。

1957年，伯爵决定仅专注于贵金属制作(黄金与铂金)。不久，伯爵的制表工匠即开始制作珠宝表。

1959年，伯爵第一家专卖店于日内瓦开幕。

1960年，12P机芯问世，为全球最薄的自动上链机芯，并因此荣登吉尼斯世界纪录。

伯爵 (Piaget)：一座里程碑的开启

伯爵 Possession 系列

1961 年，伯爵一步步收购并整合日内瓦地区的小型黄金表壳与表链制造商。

1964 年，伯爵推出全新腕表系列，采用半贵重宝石表面，让世人惊艳。

1969 年，伯爵促成了瑞士第一只石英机芯的诞生。

1976 年，7P 机芯问世，为当时最细小的石英机芯。与画家萨瓦多尔·达利合作推出"达利"系列。全新厂房于日内瓦成立，从此将腕表与表链的制作整合于同一座厂房，而机芯仍于拉考奥克斯费厂房制造。

1979 年，伯爵·保罗系列问世，为上流人士的象征。

1980 年，伯爵的第四代传人伊芙·伯爵，获任命为伯爵副总裁及总经理。

1986 年，推出舞者（Dancer）系列之经典腕表。

1988 年，伯爵携同卡地亚成为历峰集团（Richemont Group）成员。

1990 年，推出"拥有珠宝"系列，特别表现出珠宝的动感。

248 腕上迷津——精准的奢华
RIGHT TIME:EXACT LUXURIES

伯爵古董表款

1992年，一项以伯爵私人珍藏系列为主题的大型展览在米兰的内利宫（Palazzo Reale）揭幕，展出了伯爵表厂半个世纪以来的杰出作品。

1997年，伯爵受威尼斯市政府委托，为自1499年起矗立在圣马可钟楼上的500年历史古董钟进行修复工作。

1998年，伯爵推出"礼仪小姐"（Miss Protocole）腕表系列，配合各款特色的可替换表带。同时推出"高原"（Altiplano）超薄腕表系列。

1999年，推出"伯爵啡网纹"（Emperador）系列，其设计灵感来自1957年推出的表款，配合伯爵研发的精密机芯，更赢得多项大奖。推出"焦点"（Limelight）系列，这是一个造型丰润、结构分明、光彩夺目的钻石首饰系列。

2001年，全新伯爵高级钟表制造厂在日内瓦近郊成立，将20多个钟表与珠宝制作的专业制程纳入同一个厂房内。机芯制作仍由拉考奥克斯费制造，并与此全新厂房建立起相辅相成的关系。推出"逆流"（Upstream）腕表系列，前开表壳为其最大特色，极富原创精神。推出全新保罗腕表，和原版款式一样以随兴、自在的方式展现奢华。

伯爵（Piaget）：一座里程碑的开启

2002年，伯爵创作出600P陀飞轮机芯。推出"神奇回声"（Magic Reflections）珠宝系列，其设计取材自花园，一个为伯爵提供了丰富设计灵感的泉源。

2003年，"焦点"系列因增添了新的珠宝腕表款式而更加丰富，将伯爵品牌蕴涵的精神发挥得淋漓尽致。

2004年，伯爵欢庆130周年纪念。

2005年，伯爵推出皮埃尔和吉尔斯系列广告并且在利雅德开设了第40家专卖店。

2006年，伯爵"迪斯科舞会焦点"（Limelight Party Disco Ball）在日内瓦高级钟表大奖中夺得年度最佳珠宝表奖项。

2007年，伯爵推出首枚自动上链计时机芯880P机芯（飞返计时，两地时间）。推出焦点系列"魔幻时间"（Magic Hour）腕表，以三种佩戴方式呈现三种不同的时尚风貌，独家秘密研发的隐藏机械机制工艺添加了腕表的神秘魅力。

2009年，伯爵保罗系列叱咤表坛30载（1979—2009年），它不仅是伯爵品牌的象征，更是历久弥新的经典。推出伯爵保罗45腕表系列，4款崭新的纪念腕表采用钛金属材质，以充满运动风格的手法重新演绎品牌经典。

美丽的小村庄

贾桂甘迺迪生前最爱的一只伯爵表

罗杰·杜彼（Roger Dubuis）：年轻的成长

> 导语：罗杰·杜彼（Roger Dubuis）乍听起来似乎有一些陌生，这个年轻的品牌虽然没有在短时间内赢得大规模的认可，但是它的成绩不容置疑，他的制表技术给我们带来了全新的视觉和精神感触。

历峰集团（Richemont Group）为全球尊贵品牌企业的翘楚，旗下拥有多个国际级顶尖品牌；集团深信与其他优秀制表厂结盟的策略，对集团整体制表业务有莫大裨益。罗杰·杜彼品牌以卓越工艺及创意技术为尊，并拥有自制机芯的技术背景，历峰集团慧眼识英雄自是顺理成章。

2008年8月，历峰集团宣布成功收购罗杰·杜彼表厂，表厂行政总裁马蒂亚斯·舒勒（Matthias Schuler）欣喜宣布罗杰·杜彼品牌迈向发展新里程，将迎接更多的挑战及机遇。

短暂历史

对于罗杰·杜彼来说，历史只是短暂的瞬间。无论从什么地方，你都找不到太多关于罗杰·杜彼的所谓历史，但是就是这短暂的发展历程，却让罗

制表大师罗杰·杜彼

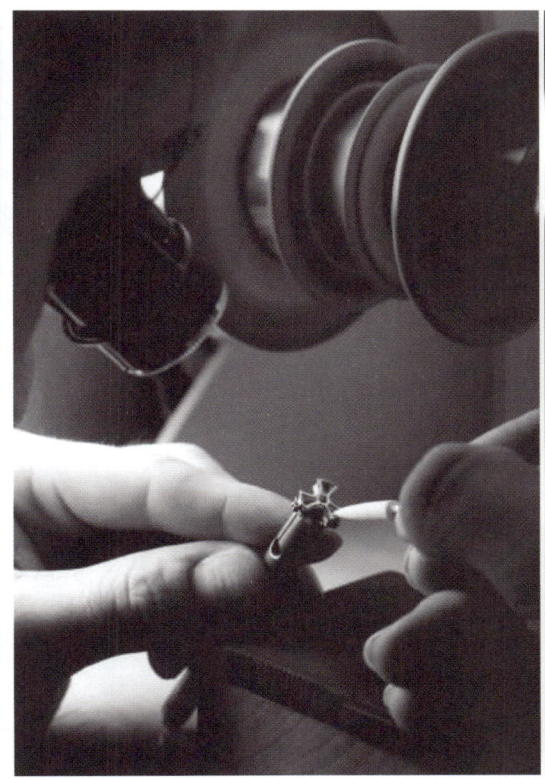

罗杰·杜彼(Roger Dubuis)：年轻的成长

罗杰·杜彼制表匠们的精严做工

罗杰·杜彼制表匠们的精严做工

杰·杜彼跻身世界顶级腕表行列，不得不说，罗杰·杜彼确实有它的独到之处。

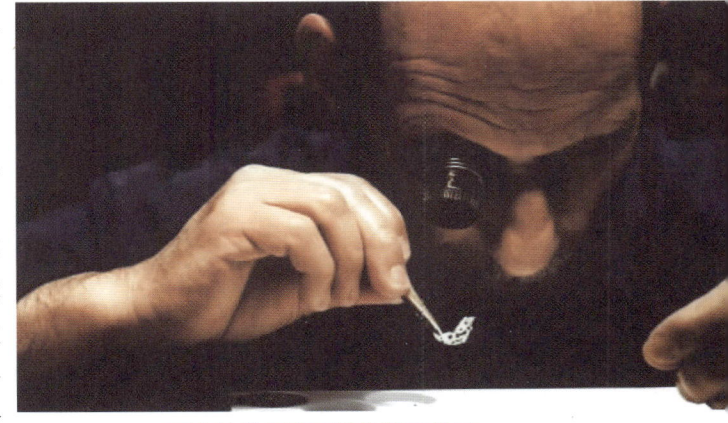

制表大师罗杰·杜彼先生曾效力百达翡丽达14年之久，擅长研发复杂机芯；1980年自立门户创立制表工作坊，其后多年常受著名品牌委托研发复杂腕表机芯；及后与卡洛斯·迪亚斯（Carlos Dias）合

罗杰杜彼制表匠们的精严做工

腕上迷津——精准的奢华
RIGHT TIME:EXACT LUXURIES

罗杰·杜彼现代化的制表车间

罗杰·杜彼现代化的制表车间

作创办罗杰·杜彼品牌。罗杰·杜彼以日内瓦为家，其人其作品也与当地的制表文化传统紧扣；自品牌创立之初起，罗杰·杜彼腕表皆遵照日内瓦印记的严格准则制作，而且所有腕表产品皆拥有日内瓦印记，工艺水平毋庸置疑。

罗杰·杜彼创立于1995年，自成立之初至今一直以传统工艺文化为尊，兼容现代高新科技，结合原创设计、精湛技术及顶级修饰工艺，赋予时间艺术独一无二的新貌。

罗杰·杜彼(Roger Dubuis)：年轻的成长

罗杰·杜彼制表匠们的精严做工

2001年，罗杰·杜彼斥巨资添置最先进的机械设备；至2003年，罗杰·杜彼成功自制摆轮、游丝等擒纵零件，从容驾驭腕表制作的所有工序技术，更跻身独立经营正宗制表厂之列。

2003年，罗杰·杜彼成功自制摆轮及游丝，正式跻身独立经营正宗制表厂之列；2005年第二期厂房正式落成，新厂房占地14500平方米，可让500位员工

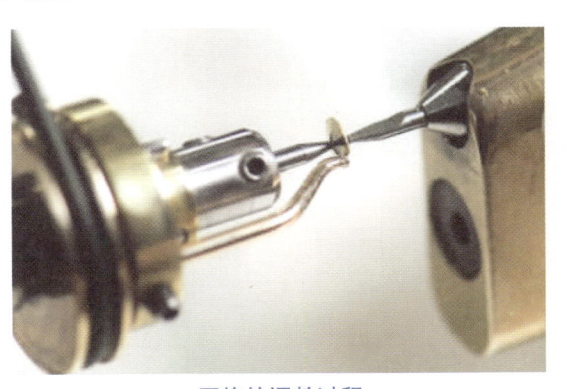

严格的调教过程

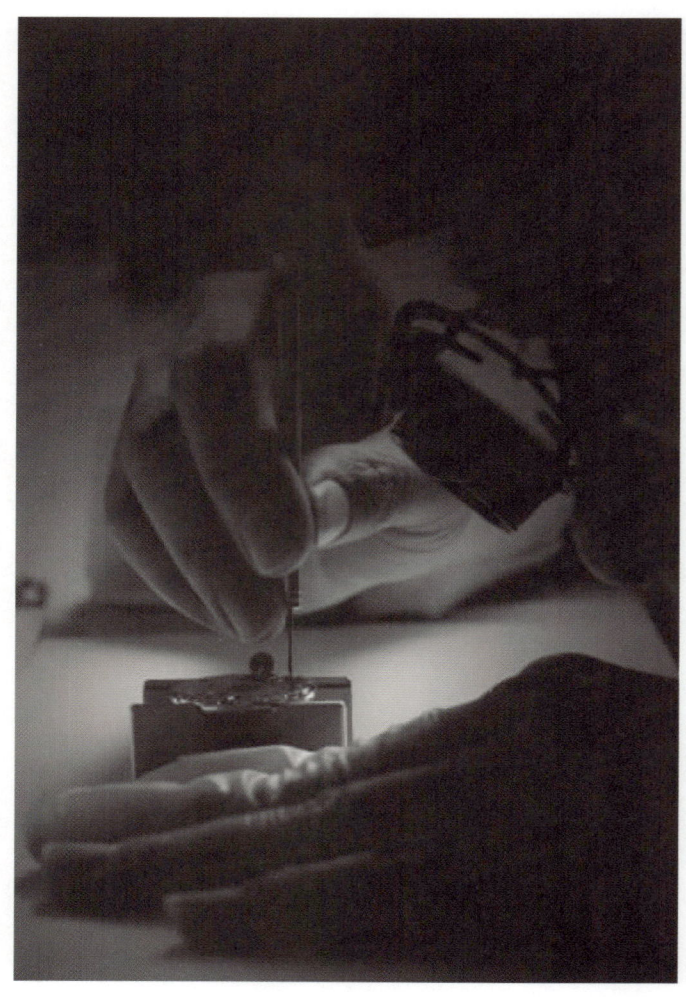

机芯的调校

聚首一堂工作；微型机械工程部门拥有超过120部机器，足以制作罗杰·杜彼专用机芯的所有零件；先进机械设备加上整合式生产规模，进一步巩固了罗杰·杜彼正宗制表厂的地位。

2006年4月，罗杰·杜彼于日内瓦高级钟表推出6款新机芯，其中3款为首次亮相的研发新品，将表厂历年研发的自家机芯数目增至28款；这6款新机芯主要装配于旗舰神创（Excalibur）系列的新表款中；在2007年日内瓦表展中，罗杰·杜彼更是一次性展出28款机芯，尽展罗杰·杜彼的技术成就。

2008年4月，罗杰·杜彼推出蕴涵品牌设计精髓的全新方形系列，其表款具备独一无二的结构，其设计给人带来耳目一新之感；其中一款镂空机芯最具代表性，经大师妙手整合精雕细琢，原有的顶级机芯幻化为当代艺术珍品。时至今日，罗杰·杜彼已发展成一家效率卓著、表现卓越的企业，蓄势待发于尊贵腕表领域中。

罗杰·杜彼无惧技术挑战，出自其手笔的创新复杂机芯佳作包括直线式即跳万年历、双陀飞轮、镂空陀飞轮等，而且所有机芯的精致工艺技术皆符合

罗杰·杜彼(Roger Dubuis)：年轻的成长　255

日内瓦印记的严格要求；表厂更悉心研发一款微型摆铊自动上链结构，务求尽展机芯的优美修饰艺术。

罗杰·杜彼自成立之始，便以丰富多彩的腕表设计及以传统工艺制表为本的顶级机芯建立清晰的品牌形象，其后十年间更先后研发二十多款包含各种复杂功能的自制机芯。

罗杰·杜彼制表车间一角

腕表并非商业价值

腕表制作以传统工艺文化为尊，兼容现代高新科技；腕表产品以顶级技术制作，时代感与尊贵价值兼备，以迎合顾客的超卓品位及严格要求。对罗杰·杜彼来说，腕表产品拥有尊贵罕有的价值并非纯粹的商业考虑，故此罗杰·杜彼所有贵金属复杂机械表型号全部限量28只；此限量生产数目具有象征意义，彰显品牌力求尊贵的坚持。所有产品系列皆反映罗杰·杜彼的

罗杰·杜彼制表车间一角

腕上迷津——精准的奢华
RIGHT TIME:EXACT LUXURIES

罗杰·杜彼现代化的制表车间

罗杰·杜彼现代化的制表车间

品牌理念。

罗杰·杜彼腕表制作以传统工艺文化为尊，兼容现代高科技；腕表产品以顶级技术制作，时代感与尊贵价值兼备，以迎合顾客的超卓品位及严格要求；结合超卓制表工艺与生活时尚、时代感及大胆创意，塑造独一无二的品牌个性。罗杰·杜彼以原创、尊贵及前卫风格为本，于顶级腕表品牌范畴占有一席，力求最大程度的专业表现

罗杰·杜彼(Roger Dubuis)：年轻的成长

罗杰·杜彼制表匠们的精严做工

及独立营运自主，不断精益求精，提升质素水平。罗杰·杜彼制表厂以高新技术制作尊贵创新、个性独特的精品，对准时尚人士及腕表收藏家追求创新前卫、技术顶尖时计的品位。

罗杰·杜彼制表匠们的精严做工

各具特色的罗杰·杜彼

2005年面世的"神剑"是罗杰·杜彼第10个腕表系列，典雅的圆形外观暗藏创新元素：宽裕的尺码、品牌特有的三段表耳、精美的表冠保护装置

腕上迷津——精准的奢华
RIGHT TIME:EXACT LUXURIES

及凹纹表圈，设计独特一望便知；金或钢表壳内藏复杂或超级复杂机芯，尽展品牌制表工艺与设计新意。

罗杰·杜彼不俗的表现

2010年日内瓦高级钟表展上，罗杰·杜彼强势推出两款全新机芯，完全遵照该表厂的最高质量标准的同时，不但令表厂机芯阵容更为鼎盛，亦符合客人对尊贵精品及顶级素质的渴求。罗杰·杜彼520微型摆陀自动上链陀飞轮机芯和罗杰·杜彼14B自动上链双回拨指针日历机芯。陀飞轮至今仍是顶级制表工艺的象征之一，因此罗杰·杜彼机芯表厂2010年以罗杰·杜彼520微型摆陀自动上链陀飞轮机芯打头阵，此款新作不但有COSC精密时计认证，并经独立实验室及表厂严格测试，修饰完美无瑕，铸刻日内瓦印记。

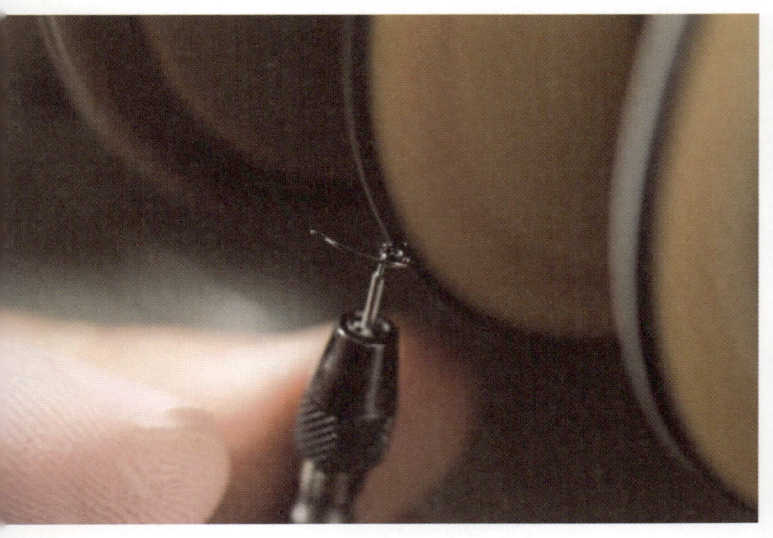

罗杰·杜彼制表匠们的精严做工

"神剑"系列：向三问致敬——玫瑰金陀飞轮三问腕表
(Tourbillon Minute Repeater)

作为"神剑"系列是今年主打力作，改款镂空表盘展示日内瓦印记机芯的完美造工，5时位置为灰线围着的玫瑰金陀飞轮外框；表盘边缘黑灰两色双圈有分钟刻度及玫瑰金时标，更觉层次分明。45毫米玫瑰金表壳，手缝鳄鱼皮表带配玫瑰金折扣，限量28枚。

罗杰·杜彼(Roger Dubuis)：年轻的成长 259

罗杰·杜彼表厂

罗杰·杜彼表厂

"神剑"系列：双陀飞轮强势回归 —— 双陀飞轮腕表 (Double Tourbillon)

2005年面世的双陀飞轮为品牌镇店之作，今年强势回归，尽领风骚。

2010年的神剑双陀飞轮表盘配以罗马小时数字及阿拉伯回拨分钟数字，双陀飞轮机芯经全面改良，超过30个零件经重新设计，驱动双陀飞轮连两支蓝色秒针并驾齐驱；机芯铸刻日内瓦印记；45毫米铂金表壳配手缝鳄鱼皮表带及折扣；限量28枚。

罗杰·杜彼表厂

罗杰·杜彼表厂

"神剑"系列：自动上链陀飞轮腕表
(Self-winding Tourbillon)

神剑陀飞轮腕表装配全新研发的自动上链陀飞轮机芯，镂空表盘计展示出微型摆铊及飞行陀飞轮结构；圆纹主题表盘上的玫瑰金边围着珍珠贝母，令罗马数字更加凸显；45毫米玫瑰金表壳配手缝鳄鱼皮表带及玫瑰金折扣；限量88枚。

罗杰·杜彼(Roger Dubuis)：年轻的成长 261

严格的调校过程

制表过程中各种复杂的零件

"神剑"系列：双回拨日历腕表(Bi-retrograde jumping date)

表盘的阿拉伯数字包围着对称的碳灰色双回拨日历显示器，与白金时标完美配衬；表盘黑色边缘镶阿拉伯数字，凸显表盘的强烈个性；45毫米白金表壳装配全新研发的机芯，配衬手缝鳄鱼皮表带及白金折扣；限量88枚。

对于精准的把握

腕上迷津——精准的奢华
RIGHT TIME:EXACT LUXURIES

罗杰·杜彼对于钻石的选择

罗杰·杜彼精品店

"四方国王"系列：华丽夺目

　　2008年面世的"四方国王"系列深具建筑线条美，为当代最具独特个性的杰出时计之一；原创的表壳造型分量十足，三段琢面水晶玻璃表镜造出独特的视觉效果。"四方国王"系列以用色大胆见称，无论装配计时机芯还是精妙无比的男女装镂空陀飞轮机芯，同样散发出浓烈的时代感，乃时尚精英人士的不二之选。

罗杰·杜彼(Roger Dubuis)：年轻的成长

"四方国王"：含蓄婉约女装钻石表 (Ladies' Jewellery)

36毫米方形钛金属表壳，玫瑰金表冠及表耳板；表圈的62颗钻石与表盘中央34颗钻石砌成的方形图案呼应；白色珍珠贝母与白色射线纹理相间；12颗白色蓝宝石时标，4块弧形珍珠贝母托起4个罗马数字以指示刻钟；日内瓦印记机芯，丝缎表带配钛金属折扣。限量280枚。

罗杰·杜彼精品店

"四方国王"：豪迈华贵，陀飞轮宝石表

罗杰·杜彼以前卫设计著称，Kingsquare系列新作陀飞轮宝石表是男装时计佳作。40毫米黑色PVD钛金属表壳的表圈及表环分别镶102颗及12颗悦目的长方形锰铝榴石；表盘黑橙相间，黑色边缘的大型罗马数字与宝石相间；7时位黑框围着陀飞轮；手动上链机芯具日内瓦印记；手缝鳄鱼皮表带配黑色钛金属折扣；限量8枚。

罗杰·杜彼精品店

"舒适潜水"系列：休闲高雅两相宜

2004年，罗杰·杜彼推出首个休闲运动表系列，并首次尝试在运动表款中装配陀飞轮，顶级技术及美学价值不言而喻，也引发了华贵运动表的热潮。罗杰·杜彼力求创新，几年后将运动系列命名为"舒适潜水"系列，并以贵金属材料配橡胶表圈及表冠，动感气质与品牌的前卫视野紧扣。舒适潜水的坑纹表圈及三段式表耳也与品牌的设计特色呼应；46毫米宽裕尺码，装配大码柱轮计时镂空机芯亦绰绰有余；另备华丽的女装表款。

"舒适潜水"女装钻石表：优雅动感女士珠宝

表盘中央紫色部分饰以巴黎小钉纹理，外围白色珍珠贝母；紫色小秒针盘亦围上白色珍珠贝母；表盘外缘为白色分钟刻度圈，40毫米不锈钢表壳镶36颗钻石；自动上链机芯，紫色橡胶表带配钢质折扣；限量888枚。

罗杰·杜彼时刻关注制表过程中的每一个细节

机芯也是罗杰·杜彼最核心的研发领域

罗杰·杜彼的彩绘

"舒适潜水"柱轮计时表：矫健隽永计时器

全新 46 毫米不锈钢表壳覆以黑橙两色橡胶；银色放射纹表盘饰以 12 及 6 字时标；黑色定时器上下方部分经缎面打磨，加强布局层次感；黑橙两色橡胶计时按钮与表圈呼应；橡胶表带配钢质折扣；限量 280 枚。

未来发展

罗杰·杜彼制表厂加盟历峰集团后，将继续以力求最大程度的专业表现及独立营运自主，不断精益求精，提升质素水平以品牌名义独立运作，以及全

机芯也是罗杰·杜彼最核心的研发领域

  力拓展腕表制作分销业务；而历峰集团将透过资源、专才及推广服务网络共享策略，全力支持罗杰·杜彼表厂的未来发展。

  罗杰·杜彼对中国内地市场的发展潜力寄望甚殷；品牌将结合表厂人才所长及历峰集团的完善市场推广及销售网络，全力进军中国市场。罗杰·杜彼专门店设计美轮美奂，独具迷人格调，是呈现品牌形象的重要一环。除目前香港金钟太古广场专卖店外，罗杰·杜彼即将在大中华区（包括香港半岛酒店及

罗杰·杜彼(Roger Dubuis):年轻的成长

豪迈华贵,陀飞轮宝石表

深沉的罗杰·杜彼腕表　　　　　　　　　　微小的环节

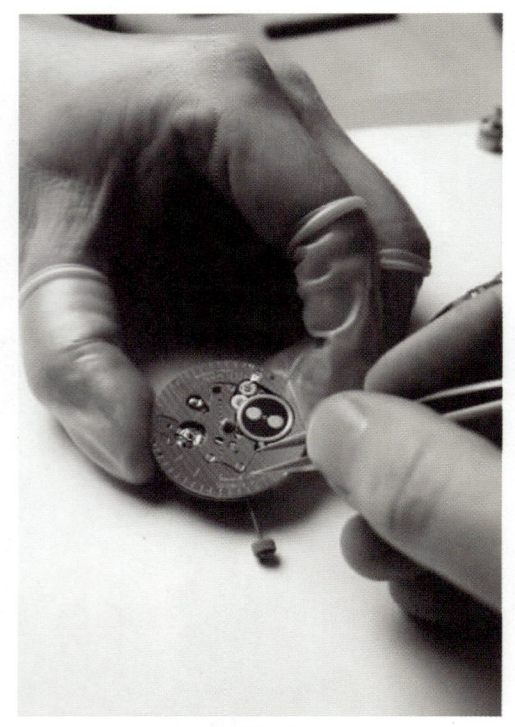

上海淮海路）开设两家专卖店，让两地顾客体会罗杰·杜彼亲切待客之道，以及品牌独一无二的华贵格调及时代气息。

今时今日，罗杰·杜彼以及一众顶级腕表品牌有责任提供最优质、最尊贵的服务，力求满足消费者以至收藏家的要求；为此，罗杰·杜彼已大幅提升机芯及腕表制成品的质素及可靠度测试水平，务求腕表设计、美学价值、功能及走时精确度皆达至完美水平。

罗杰·杜彼集各项制表技术于一身，足以独立运作不假外求，制作工艺一丝不苟。其中最佳体现乃表厂的所有机芯，皆遵照日内瓦政府颁布的日内瓦印记标准制作，使机芯的美学及手工价值得以保证。

自2009年起，所有罗杰·杜彼机芯的表现性能经专业制表实验室严格测试；表厂计划两年内将所有新机芯呈交COSC中心测试。

罗杰·杜彼(Roger Dubuis)：年轻的成长

"神剑"系列：双陀飞轮强势回归——双陀飞轮腕表

腕上迷津——精准的奢华
RIGHT TIME:EXACT LUXURIES

制表过程中各种复杂的零件

制表过程中各种复杂的零件

制表过程中各种复杂的零件

制表过程中各种复杂的零件

2010年，罗杰·杜彼以"神剑"系列领军业界，而表厂赖以成功的要素如独特创意、一望便知的风格及前卫多变的设计则始终如一。表厂过去12个月研发的新机芯也隆重亮相，展示罗杰·杜彼精益求精的技术成果及最尖端的质量水平。2010年，罗杰·杜彼整装待发，以全新面貌带来无限惊喜。

制表过程中各种复杂的零件

罗杰·杜彼(Roger Dubuis)：年轻的成长 | 271

"四方国王"含蓄婉约女装钻石表

腕上迷津——精准的奢华
RIGHT TIME:EXACT LUXURIES

关注每一个细节

后记：虽然罗杰·杜彼十分年轻，但是其卓越的做工，以及专为客户打造的精神深深打动了我们。手表作为私人专属物品，具备一定的特殊性以及归属性。因此，满足每一个客户的需求也成了制表商们所追求的一个目标之一。而基于这一点，罗杰·杜彼带给我们的是独特、唯一，不可复制的手表魅力。相信没有任何一个人会错过这份专属的私享。

罗杰·杜彼大事记

1995 年，罗杰·杜彼与卡洛斯·迪亚斯合作创办日内瓦手表公司及罗杰·杜彼品牌。

罗杰·杜彼(Roger Dubuis)：年轻的成长

机芯也是罗杰·杜彼最核心的研发领域

1999 年，合并入日内瓦手表公司（Manufacture Roger Dubuis）。
2001 年，表厂添置垂直整合式生产设施。
2002 年，表厂新总部第一期建筑工程完工。
2003 年，首家罗杰·杜彼专门店于日内瓦开幕。
2005 年，表厂新总部第二期建筑工程完工。
2008 年，罗杰·杜彼加盟历峰集团。

雅典（Ulysse Nardin）：航海家的故事

> 导语：机械腕表的魅力似乎无时无刻不在影响着爱表人士。创意、制造、独特性、创新、限量、趋势等等，众多词汇的汇集，让人们对于机械表更添一丝神秘与期望。

由于错综复杂的齿轮结合了数百件精细零件，相较之下，机械腕表的精准度永远不及石英腕表准确。有趣的是，这从来不是一个问题。机械表的持有价值，以及博物馆珍藏才是它的价值所在。对许多人来说，能够获得或者是继承一只既可以不停滴答，又具崇高历史的仪器，就像梦想成真一样。雅典（Ulysse Nardin），亦如此。

雅典表厂老厂址

悠远的历史

从1846年创立至今，雅典表已经走过了一个半世纪，身为瑞士十大表之一的雅典表，在其恒久长远的背景下，精湛的制表工艺及创新的能力，已经成为雅典表的代名词。致力于钟表工艺的突破及源源不绝的创意，正是构成雅

雅典（Ulysse Nardin）：航海家的故事

典表品牌价值与经典制表技艺的主要精神元素。

尤利西斯·雅典（ulysse Nardin）于1823年1月22日在瑞士力洛克（Le Locle）出生。早年由其父伦纳德·弗雷德里克（Leonard Frederic）亲自传授有关钟表工艺的技术，后来跟随当代钟表大师威廉·杜布斯（William Dubois）学习。于1846年创立雅典公司。早期只有一个柜位，其精密钟表以始创者为名，显出非凡的优质工艺技术。开始为轮船公司制造航海计时器及闹钟。但由于受到1970年的经济危机影响，终于在1983年由罗尔夫·施奈德（Rolf Schnyder）为首的一批投资者所接收。施奈德接手后决定恢复公司的业绩，于是结识了一位酷爱制表工艺的天文学家及数学家路德维格·欧克林（Ludwig Oechslin）博士，并要创造一件惊世的杰作，结果"星像仪伽利略型"（Asbolabium Galileo Galilei）甫一推出，便在时计界掀起了一阵旋风。

"经理人双时区腕表"是雅典表的王牌系列之一，自推出以来，深受欢迎

1862年雅典表于伦敦国际博览会的精密时计、袋装天文台时计组别中夺得最受尊崇的荣誉大奖，令雅典在国际的袋装天文台时计领域上稳居领导地位。并于1878年其旗下的袋装天文台表及航海天文钟于巴黎环球博览会中夺得金奖；1893年在芝加哥环球博览会中展出一枚黄金与银混合的精致浮雕设计的天文台表，为艺术与科学的绝世佳作，在航海及袋装天文台时计组别中荣获金奖；雅典的位置航海天文台时计于美国华盛顿首府的海军天文台测试中，夺得7项测试的第一名。1915年在参加华盛顿首府海军

标志性的数字是雅典的代表

天文台测试的 60 枚天文台腕表之中，雅典赢得冠军。

1923 年为纪念宝玑大师百周年忌辰，纳沙泰尔天文台举办国际天文台时计比赛，雅典夺得冠军大奖。1935 年推出崭新的 24 小时双秒针高度精密袋装计时秒表，可精密计算至十分之一秒，适合运动计时，而且赢取了不少奖项及金奖，确为其创新超卓成就的最佳证明。1975 年纳沙泰尔天文台发表最后一份有关天文台时计品质表现的正式报告。根据该报告指出，雅典于这段期间所获得的证书、奖项包括：在已颁发的 4504 张机械航海时计证书中占了 4324 张，相当于总数量的 95%；获得 2411 个奖项，其中 1069 个为冠军

雅典（Ulysse Nardin）：航海家的故事

大奖，包括4个系列的天文台时计奖项；于精密航海时计、袋表、腕表等组别中，获得747项冠军大奖；在纳沙泰尔天文台的4个组别中，共获得1816项冠军大奖。

1985年推出以伟大物理学家及人类学家伽利略命名的伽利略星盘腕表。雅典光芒再现，该腕表更于1988年2月列入金氏世界纪录；1988年推出哥白尼运行仪腕表，以纪念这位波兰天文学家；1989年推出首枚具有活动人偶的三问报时表——圣马可（San Marco），

"挑战者"万年历，未来的最终挑战将会是结合所有雅典表的功能于一身

月色撩人标记说明图例

限量制造，备有黄金、铂金两种选择以及双秒针分段计时秒表"柏林"（Berlin）。1992年推出克卜勒天文腕表，以赞扬这位德国天文学家，并完成"时计三部曲"腕表系列。

1994年于巴塞尔钟表展中首次推出为旅游人士设计的GMT±腕表，1996年为庆祝雅典厂150周年纪念，推出1846航海天文台腕表，及以欧克林博士命名的崭新路德维希（Ludwig）万年历腕表；

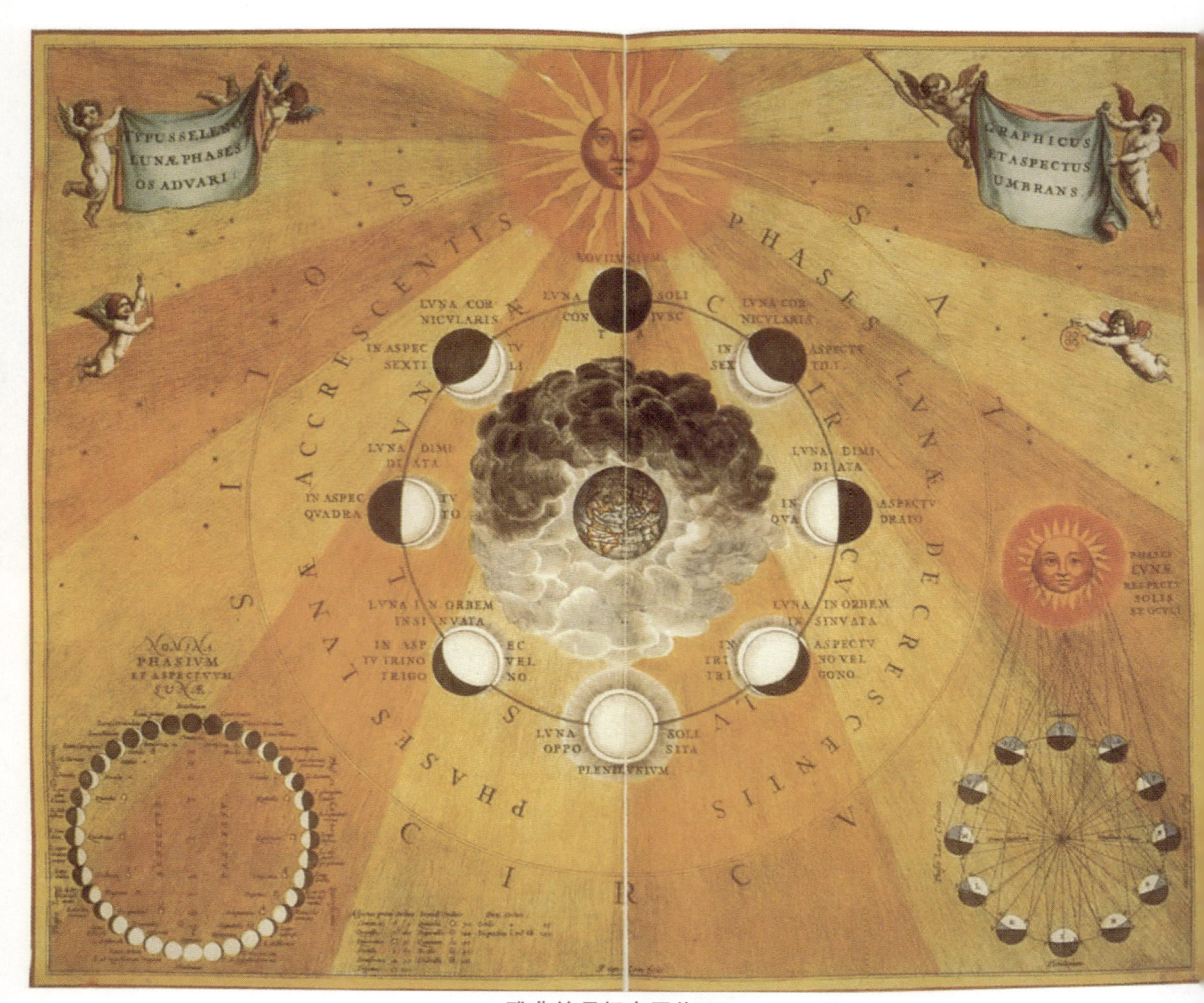

腕上迷津——精准的奢华
RIGHT TIME:EXACT LUXURIES

雅典的月相表巨作

1998年推出单按钮计时秒表"脉搏计"（Pulsometer）；1999年为纪念千禧年，雅典推出GMT±万年历腕表，将雅典两大独特而专有的功能集于一身；2001年推出崭新的怪诞（Freak）腕表，一只没有时针、分针、面盘、表冠的7日能量储存陀飞轮腕表。2002年推出成吉思汗表——第一只西敏寺大鹏钟乐的陀飞轮四锤三问报时表；2003年推出第一只结合问表打簧、两地时间、倒数计时的奏鸣曲（SONATA）响铃表，并获得国际创意及工艺大奖。

灵魂人物欧克林博士

路德维希·欧克林博士是实现罗夫·史耐德梦想的人。他将星盘挂钟转化为备受好评的伽利略星盘腕表，也创制了其他时计三部曲腕表——克卜勒腕表及哥白尼运行仪腕表。此外，他设计以自己名字命名的路德维希万年历腕表，是唯一可以单一表冠作前后调校的万年历腕表。欧克林是瑞士制表业界中一个真正的天才。

1952年，欧克林在意大利一个小村落马尔凯出生，他在巴塞尔及伯尔尼大学修读哲学、考古学、古代历史、天文学、理论物理学和希腊语。虽然迷上古典世界和科学，欧克林也对微型机械学显示出热情。据说，欧克林有一天经过一间小商店，看中一只三问表，他很想买但又没有能力购买，所以他决定自己去学习制作一只，就这样便进入了制表行列。

瑞士钟表馆馆长、雅典表灵魂人物
欧克林博士

因为这一决定，欧克林一边在大学研究，一边跟随制表大师当学徒。当时只有24岁的他，在琉森跟随大师学习制表技术及修复古董钟表。当学徒期间，梵蒂冈委托欧克林修复一个法尔内塞钟，它是一个17世纪的天文摆锤钟，能提供60多个民用天文及占星读数。欧克林要将天文钟仔细地拆成1000多件，然后修复和重新组装。整个项目历时4年，并记录在梵蒂冈发行的一套4册纪念本内，组装后的天文钟是个活动奇观。

欧克林修复法尔内塞钟时，发表了他的博士论文"时钟、宇宙模型和贝尔纳多法西尼的天文仪器"，这一论文使他获得伯尔尼大学的哲学、天文学和

雅典 2010 年最新系列表款　　　　　　　　　雅典"马戏团"砂金石三问报时表

应用科学历史博士学位。一年后，欧克林通过制表考试，成为制表大师。修复法尔内塞钟期间，欧克林的理论知识达至完美，使他能构思出伽利略星盘腕表。

制表学徒期满后，欧克林在斯图加特代表瑞士国家科学研究基金继续博士后研究。其后，在维也纳和慕尼黑德国博物馆进修。

一个偶然的机会让欧克林遇上了拯救雅典表的罗夫·史耐德。史耐德发现一个由欧克林修复的星盘挂钟。星盘挂钟是一个中世纪的古老装置，通过计算天体在地平线的高度来计算时间。这些仪器让用家准确地计算恒星升起和落下的时间、日子的长度、春分和秋分、夏至和冬至、季节的长度、月相盈亏、日蚀和月蚀。此外，星盘挂钟也可以显示占星学的数据如星座位置及黄道 12 宫。史耐德想到制作一只星盘腕表的可能性，但该壮举需要一个天才

雅典（Ulysse Nardin）：航海家的故事

去完成。学识渊博、拥有丰富技术知识的欧克林，自然成为实现史耐德梦想的最佳人选。

史耐德为雅典订立的计划完全切合欧克林的个人哲学，他希望通过制作非凡的限量腕表，使雅典表能重返瑞士制表的最高水平。欧克林同样喜欢有独创性的作品，不只是复制现有的设计。另外，欧克林设计复杂装置时，追求最简单而优雅的解决方案。与其他瑞士主流制表品牌的想法截然不同，欧克林避开因为复杂而复杂的方案。他优先考虑的依次为功能、精准度和可靠性，他认为一件作品用的零件越少，作为一个复杂装置，其价值就会越高。

雅典品牌现任总裁罗夫·史耐德先生

这一哲学理念对欧克林很有用，因为他设计了一些雅典表有史以来最复杂的腕表。时计三部曲声称是将宇宙放到一个人的手腕上，路德维希万年历腕表以其出色的设计师命名，是钟表史上第一只以单一表冠作前、后调校的万年历。有别于大多数的万年历，即使在公元2100年，路德维希万年历也无须回厂调整误差。

雅典表的历史十分悠久

欧克林喜欢与罗夫·史耐德和雅典表公司之间的关系,因为他们在工作上给予他相当大的自由度。公司没有规定或建议什么:欧克林单独创作,然后向公司提出他的计划作审批。如果计划获得批准,欧克林会与技术人员分析新腕表各个技术和机械层面,尤其是机芯;他时常准备初期的草图,再与绘图员一齐工作,直至设计完成;有时,他甚至会制作原型。总体而言,鬼才欧克林创制作品时,都会参与每一个制作环节。

现在,欧克林在瑞士理工学院继续他的研究工作,并兼任教学讲师,同时为雅典表研制新表款。2001年1月,瑞士拉绍德封市政府任命欧克林博士

雅典（Ulysse Nardin）：航海家的故事

为拉绍德封国际钟表博物馆的新馆长。

史耐德的钟表王国

瑞士常年积雪的山脉是孕育众多著名制表大师的摇篮，在勒洛克这个小镇中就有全球中的一个"大男孩"——雅典表。该制表品牌背后的灵魂人物就是罗夫·史耐德，一个拥有超过40年从事各种腕表制作经验的瑞士人。

第二次世界大战期间，史耐德在苏黎世出生，家中有3个孩子，他排行第二。自小在一个管教严厉的家庭中长大。父母总是鼓励他们通过工作去赚取零用钱和教导他们要独立，也鼓励他们在成人之前去看看世界。他和兄弟姐妹自幼便四处游历，自离开后，再也没有在瑞士居住过。

雅典的低调奢华是无人企及的

早期的时候，史耐德拥有自己的事业，从事销售个性化的新年及圣诞贺卡。第二次世界大战期间，瑞士是一个内陆国家，需进口食物，供不应求只能配给。史耐德的第一份专业工作只局限在日内瓦，在这法语城市里，他需要熟习其他语言的知识。在23岁时，他在亚洲开始第一份工作，从事消费品的营销。

他形容自己为一个具创意触觉的商人，他认为雅典表不是一个时尚品牌。她永不会太流行或过时。不过，雅典表厂是一种创意无限的公司，制表师有很多机会向工程师提供建议。史耐德在1983年的一个冬季收购了雅典表厂。

史耐德的生活经历一直有如坐过山车般起落。自经常前往亚洲后，他最初决定在吉隆坡与一间公司合资生产钟表零件。史耐德在1974年成立了一间完全独立公司。这是个难得的经验。然而，他意识到自己十分热爱雅典表，所以选择放弃这个公司。

雅典力洛克原厂址

　　史耐德将全部精力投入位处汝拉山勒洛克的雅典表，加上对公司163年历史的尊重，所以他决心继续生产高级复杂腕表。大多数公司会购买现成的机芯，而雅典则设计机芯。雅典的成功取决于其产品，以及无人能够取代的制表大师路德维希·欧克林博士。

　　雅典表继续凭创新发明震惊表坛，如"怪诞奇想"、"成吉思汗"——第一枚西敏寺大鹏钟乐的陀飞轮四锤三问报时表、奏鸣曲响铃表和品蓝飞行陀飞轮。"怪诞奇想"荣获2002年国际创意大奖时，史耐德曾说："'怪诞奇想'是机械腕表制作中的极品。"成吉思汗四锤三问表及奏鸣曲响铃表分别

雅典 (Ulysse Nardin)：航海家的故事

洛杉矶雅典表厂新厂

获得 2003 年及 2004 年国际创意大奖；2006 年，推出首枚由雅典表厂研发的自制机芯 UN-160，继续致力于使用不同崭新材质制作腕表。

雅典精选优质珐琅腕表

雅典一向秉持着以精心挑选最优质材料研制时计的宗旨。事实上，当公司迈向新的发展里程时，已不仅研制机械时计，以满足于不断跨越技术高峰的成就，同时更致力于复兴珐琅技术，运用该精致的装饰技术制成设计独特的表面，令曾经一度失传的优雅艺术再次发扬光大。

早在高卢罗马帝国时代，珐琅已是一种装饰艺术。珐琅是一种包含二氧化硅、红铅及碳酸钾的玻璃。珐琅在磨光的过程中，把含有石灰或镁的稳定

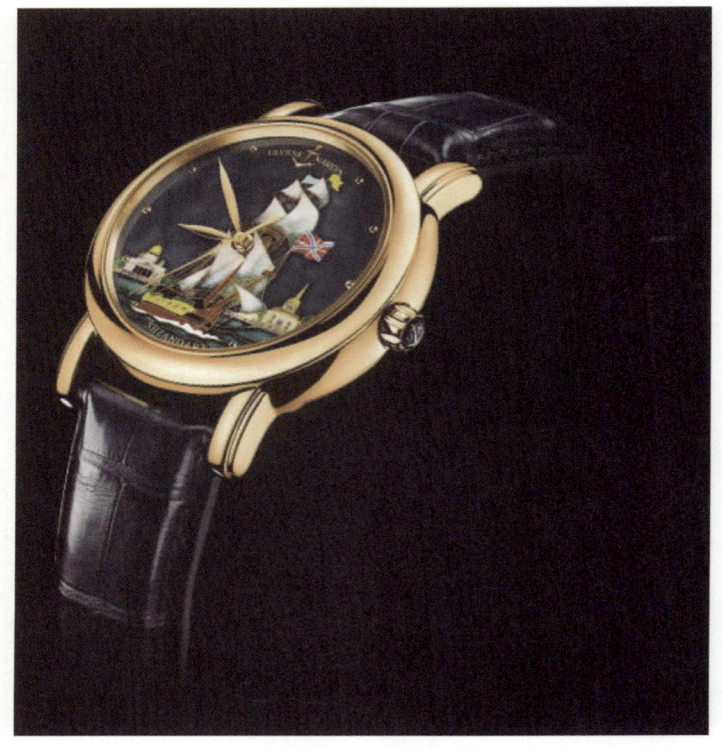

286 腕上迷津——精准的奢华
RIGHT TIME:EXACT LUXURIES

剂加入其主要材料二氧化硅中，也需要加入含有钾、钠的熔剂，以降低珐琅的熔解温度。

但不同金属的氧化物可提炼成不同颜色：例如铁可提炼成黄色、绿色、咖啡色；锰可提炼成黑色、紫色；铜可提炼成蓝色、绿色、红色。珐琅只须混合以上不同金属的氧化物及分量，即可提炼出不同颜色及色调，如不透明、透明、半透明等，但其混合成分的程序一般属于商业机密。

研制颜色优雅、色调分明的珐琅，全赖匠

雅典《萨丹进击号》限量表款

师的精湛技术。一块完美无瑕的珐琅，乃制表大师无数细致工序的成果。然而，20世纪50年代以来，由于生产困难，珐琅腕表几乎被遗忘。因此，只有极少数技术非凡的匠师才懂得制作珐琅腕表。

至今，独特高贵的蓝色圣马克天文台腕表、限量制作的著名航舰系列等各款式型号表面，都成为雅典的驰名标志。

研制珐琅的工序复杂，超越一般经验实证的技艺，更极为依赖个人的敏锐触觉。研制珐琅绝非一种科学，而是一种需要高度技巧、心思缜密的艺术。

雅典为了不断挑战技术高峰，在装饰艺术上选择了一条最艰辛的道路。超凡完美的珐琅艺术，需要各种技术的和谐配合使用。

填彩景泰蓝，便是珐琅艺术中的精髓，需要最细致优秀及复杂的研制技术，其中包括绘制设计草图、每部分的颜色搭配等。各个不同颜色部分都需

雅典（Ulysse Nardin）：航海家的故事

要由金线分隔，以固定珐琅粉溶液的位置。由于每个部分的体积极为细小，工序复杂艰巨，因此，必须有一丝不苟、耐心、谨慎的工作态度。

研制珐琅需要依赖匠师的艺术修养及手工艺技术，匠师以超脱才华设计出一个优美独特的创新款式，再以0.07毫米厚度的金线，分隔不同颜色部分，以极准确细致的技术，安放及黏合在只有两公分直径的表面上。

每一枚圣马克腕表以至限量发行系列的精致表面，都需要经过50多个工序、12—24次烘干程序。即使经验丰富的匠师，最少也花费50小时工作才可完成一枚表面。经过艰辛复杂的工序及挑选过程后，每一枚珐琅腕表的表面，都表现了雅典能参与复兴该失传艺术的一份自豪。

征服海洋

雅典表的发源地纳沙泰尔位于一个四面环山，并且远离广阔无垠大海的瑞士。制表师们对于大海也仅有模糊的印象。

雅典表《萨丹进击号》沙皇蛋雕限量纪念彩绘套表，俄罗斯与瑞士两大精湛技艺的完美结合

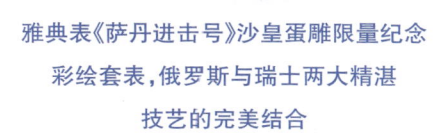

1846年，23岁的雅典在勒洛克创立雅典表，生产天文台钟和结构复杂的袋表，并有机会跟航海天文台时计专家弗雷德里克·威连·杜比合作，累积了宝贵经验、无与伦比的制表工艺，名噪一时，瞬即蜚声国际。雅典本着其独到的商业眼光，洞悉到要发展航运业，就必须要一个准确的航海时计。

当时驾驶备有六分仪船只的航海员，除依赖太阳及水平线认定航行方位外，船上的领航仪器就唯有雅典航海天文台钟。航行于汪洋大海之上，差之

腕上迷津——精准的奢华
RIGHT TIME:EXACT LUXURIES

雅典早前的表款

毫厘，谬以千里。在赤道上仅一秒的计算失误，足以构成463米的偏差。精密准确的领航仪器，乃是掌握生命及成败的关键。拥有3天或8天能量储存显示的雅典航海天文钟，可计算之半秒之差，准确计算船只在海上的经纬度。

自1876年起，由雅典所生产的航海天文台钟，长期送往纳沙泰尔和日内瓦的天文台进行严密测试，连续7天的9项测试。这种来回反复的测试方法，目的是证明在极端恶劣的环境下，仍能保持定时器的精密准确度。测试结果证明勒洛克的钟表师匠，堪称为业内最深奥制表技术的先锋。

雅典在制造航海天文台时计的成就，享誉国际，备受推崇。在世界各地的贸易和展览会上，雅典曾赢取4300多项冠军大奖和18个金牌，全球5大洲内，超过50个国家的海军，均以雅典的航海天文时计作为海上的指定专业仪器。

今天，航海天文时计和六分仪的领航功能，虽被人造卫星所取代，但雅典的航海天文台钟，仍然为收藏家以高价争取搜集的瑰宝。雅典航海天文台钟在人类历史上的意义，亘古不变，历久弥新。

雅典 GMT ± 两地时间腕表在圆满的
左右找到时间转换的理由

雅典表 GMT ± 两地时间系列腕表，最大的特色在于其位于表侧两边的快速调校时间按钮，以人性化的出发点所设计的智能型功能，为雅典 GMT ± 两地时间腕表赢得了"完美的时间演绎者"的赞美。

在指尖触碰可及的方圆之内，在表侧左右的方寸之间，找到时间转换的理由。不需取下手表，只需轻按左侧（10 点钟方向）的（+）钮，即可轻易前进一小时，轻按右侧（8 点钟方向）的（–）钮，则即倒退一小时，分针的运转丝毫不受影响。时间的快速转换只取决于手指的触碰，在左右之间，掌握全世界原来在咫尺天涯。

专利"同水平大日期显示窗"，更充分展现出雅典表将智能创意发挥在以人为本的理念上。以快速调校时间钮调校当地时间时，大日期显示窗会随着跨越国换日线而自动调整显示日期。

GMT ± 两地时间腕表无论在创新度及实用度两项指标来看，堪称是雅典表人气指数极高的经典款式。不锈钢质材的大梯形时间指针与烟灰色的棋盘式表面，相互搭叠出内敛的硬派风格，而跳跃在 12 点钟及 6 点钟位置的雕刻体阿拉伯数字时标，则调和为刚柔共济的 GMT ± 两地时间腕表。

GMT ± 两地时间腕表，防水 100 米，旋入式表冠，抗磨损蓝宝石水晶玻璃，18K 玫瑰金及不锈钢两种质材，备有鳄鱼皮表带及不锈钢带两种选择

雅典表屡获殊荣背后的科学精神

早在 160 多年之前，雅典表品牌始创人雅典已经在瑞士四面环山的纳沙泰尔制作天文台钟。品牌制表的同时，也证明不断接受挑战会带来更多机遇，腕表是绝对值得作深入研究的。正是这勇于探索的精神，让雅典可以研制出前所未有的腕表。在这里，科学、创新与想象力赋予雅典以创作灵感；而先进的技术结合大师级的工艺就成了其指路明灯。

通过每枚雅典表去体现和培育这一理念，并将之赋予生命的就是现任总裁罗夫·史耐德和欧克林博士。两个才智非凡的人同样深谋远虑，又是表坛的先驱，成为雅典表的幕后功臣。

1983年，史耐德先生收购了雅典钟表厂，并找来创意无限的制表专家欧克林为他研制和设计腕表。欧克林曾经修复梵蒂冈城博物馆里一个法尔内塞钟，尔后他制作了一个星盘挂钟，就是此星盘挂钟深深吸引了史耐德先生。于是，他便委托欧克林将星盘钟制作成一枚腕表，结果创制出时计三部曲的首枚星盘腕表——伽利略星盘腕表，并成功被列入金氏世界纪录，同时，也带领雅典表重登复杂功能表领导品牌的殿堂之中。史耐德先生当时已洞悉欧克林具备他需要的能力，能够将雅典的品牌带到独创性、创造力和质量三者达至卓越的水平。

朝着同一个工作目标，史耐德先生和他领导的雅典梦幻团队（包括行政副总裁皮尔·吉斯和总工程师卢卡斯修曼——两位负责监督公司的生产设施的杰出领导人才），以及雅典匠心独运的制表大师，携手将品牌由纵向一体化跃升至一个全新层面，成功将雅典表定位为创意国王。

然而，走在表坛最前线，对雅典表而言并不罕见。事实上，品牌在过往的历史中，已是司空见惯。

雅典表自1846年创立以来，曾赢得不下4300多项冠军大奖，其中18项更是备受世界尊崇的金奖，同时取得了为数众多的机械腕表专利。2007年，雅典推出的"纯景"（InnoVision）概念腕表获《革命》（Revolution）杂志颁发的"崭新技术"最高荣誉大奖，不仅破天荒采用硅（一种以矿物为基础的材料，非常适合机械腕表制作）为材质，还结合10项创新科技于单一腕表，这非凡的发明为"奇想怪诞"陀飞轮带来启示。"奇想怪诞"陀飞轮是雅典研制的腕表中最聪明和最精巧的款式，也是第一只以硅为材质的腕表。由吉斯先生和他的团队带领研发，加入硅材质的雅典专利双向擒纵装置，令"奇想怪诞"陀飞轮迈向成功舞台。设计简约，标榜没有时、分针，没有表面及表冠，透过机芯的运转来显示时间，"奇想怪诞"陀飞轮展示雅典无人能及的科学知识和先进的制表技术，它的出现震惊了整个瑞士表坛及全世界。雅典因此再次领先同时代的人，令许多表评家和收藏家叹为观止。

凭借坚定不移的信念，雅典表保持着领先的地位，并且跨步向前开创包含领导才能、工艺精湛的制表师及专注于机械腕表制作艺术的领域，绘制品牌的发展轨迹。雅典是第一个采用硅、钻石硅晶体或多晶钻石等崭新材质的品牌；建立非一般的合作关系，合资研究将硅运用在腕表制作上；又将先进的制表技术注入腕表新颖设计之中。在形式和功能上，雅典表均取得突破。尽管如此，雅典仍不断追求更多信息、创造力和美感，这是由于雅典对钟表制作的热忱引发出无限创意和研发动力。

雅典大事记

1823年，雅典于1月22日在瑞士力洛克出生。早年由其父亲自传授有关钟表工艺的技术，后来跟随当代钟表大师威廉·杜布斯学习。

1846年，创立雅典公司。早期只有一个柜位，其精密钟表以始创者为名，显示出非凡的优质工艺技术，至今已有超过160年的历史。

1862年，于伦敦国际博览会的"精密时计、袋装天文台时计"组别中夺得最受尊崇的荣誉大奖，令雅典在国际的袋装天文台时计领域中稳居领导地位。

1876年，雅典于2月20日因心脏病发作去世，享年53岁。由当时21岁的保罗·大卫接管公司业务。

1878年，旗下的袋装天文台表及航海天文钟于巴黎环球博览会中夺得金奖。

1893年，在芝加哥环球博览会中夺得冠军大奖，展出一枚黄金与银混合的精致浮雕设计的天文台表，为艺术与科学的绝世佳作，在"航海及袋装天文台时计"组别中荣获金奖。

1904年，俄罗斯及日本海军选用雅典的航海天文钟。随着日俄战争爆发，日本政府的需求增加，成为公司的主要客户。

1906年，于米兰国际博览会勇夺冠军大奖及金奖。雅典的位置航海天文台时计于美国华盛顿首府的海军天文台测试中，夺得七项测试的第一名。

1915年，在参加华盛顿首府海军天文台测试的60枚天文台腕表之中，雅典赢得冠军。在同一个测试中，力压217枚参赛的精密航海时计，在首5名位置中占3个席位。

1923年，为纪念宝玑大师百周年忌辰，纳沙泰尔天文台举办国际天文台时计比赛，雅典夺得唯一的冠军大奖。

1935年，推出崭新的24小时双秒针高度精密袋装计时秒表，可精密计算至十分之一秒，适合运动计时，而且赢取不少奖项及金奖，确为其创新超卓的最佳证明。

1975年，纳沙泰尔天文台发表最后一份有关天文台时计质量表现的正式报告。面对电子世纪的时代，机械表的质量表现已不再受重视，纳沙泰尔天文台遂发表最后一份报告，所涵盖的年份由1846年至1975年。根据该报告指出，雅典于这段时期所获得的证书、奖项包括：在已颁发的4504张机械航海时计证书中占了4324张，相当于总数量的95%；获得2411个奖项，其中1069个为冠军大奖，包括四个系列的天文台时计奖项；于精密航海时计、袋表、腕表等组别中，获得74项冠军大奖。在纳沙泰尔天文台的四个组别中，共获得1816项冠军大奖。

1983年，一个以罗夫·史耐德为首的投资集团决定收购雅典表厂。

1985年，推出以伟大物理学家及人类学家伽利略命名的伽利略星盘腕表。雅典光芒再现，该腕表更于1988年2月列入金氏世界纪录。

1988年，推出哥白尼运行仪腕表，以纪念这位波兰天文学家。

1989年，推出首枚具有活动人偶的三问报时表，限量制造，备有黄金、铂金两种选择，以及双秒针分段计时秒表。

1992年，推出克卜勒天文腕表，以赞扬这位德国天文学家，并完成"时计三部曲"腕表系列。

1993年，推出自动圣马克单问报时表，以及景泰蓝航舰系列。

1994年，于巴塞尔钟表展中首次推出为旅游人士设计的"GMT±万年历腕表"，专利编号CH 685 965。

1996年，推出1846航海天文台腕表，及以欧克林博士命名的崭新路德维希万年历腕表。

1998年，推出单按钮计时秒表"脉搏计"。

1999年，为纪念千禧年的新纪元来临，雅典推出GMT±万年历腕表，将雅典两大独特而专有的功能集于一身。

2000年，雅典表的"GMT±万年历腕表"被德国著名钟表杂志《革命》

选为创新大奖的第一名，并且是第一枚时计可以同时获得读者及专业评审的最高票数。

2001年，推出崭新的"怪诞奇想"腕表，一只没有时、分针、面盘、表冠的7日能量储存陀飞轮腕表。

2002年，推出"成吉思汗"表——第一只西敏寺大鹏钟乐的陀飞轮四锤三问报时表。

2003年，推出第一只结合问表打簧、两地时间、倒数计时的奏鸣曲响铃表。"成吉思汗"四锤三问表获国际创意大奖。雅典位于恰德冯斯的自制机芯研发及组装厂落成。

2004年，推出"马戏团"三问报时表。"奏鸣曲"获得国际创意及工艺大奖。

2005年，推出28'800转振频的"钻石心"陀飞轮，首创以钻石为质材制作的擒纵装置。并同时推出品蓝飞行陀飞轮及方形万年历。首枚使用钻石硅晶体为擒纵装置的原型面世。

2006年，推出UN-160自动上链机芯，首枚由雅典表厂研发的自制机芯。在莫斯科举行"时计瑰宝"展示会，迎接盛大的160周年庆典。

2007年，推出FREAK卡罗索，首创以钻石和硅晶体结合而成的卡罗索制作擒纵装置（卡罗索是运用纳米技术将人工多晶钻石种植在天然硅晶体表层）。推出全新"纯景"（InnoVision）腕表，该腕表将10项创新科技融汇于一身，完美地呈现了雅典表对于未来机械制表的愿景。

2008年，推出怪诞"蓝色幻影"奇想陀飞轮腕表，腕表内的手动上链机芯，机芯桥板是采用蓝钢含钛合金制成。整个机芯上覆盖一层厚度仅一微米的蓝钢，虽然轻巧纤薄，但却具备1500HV的硬度。

2009年，在完成历史性的天文"时计三部曲"的17年之后，雅典表研发制作出另一款颠覆传统、并拥有欧克林博士DNA血统的革命性天文腕表——"月之狂想"（Moonstruck）。设计理念是集中于太阳、地球和月球之间天体系统，科学地描述月相盈亏、月球和太阳地球之间的万有引力所引起的潮汐变化；推出"地球行星钟"，将地球立体地呈现在宇宙缩影中。不论任何时候或任何位置，这个极度精密且复杂的"地球行星钟"能正确精准地显示太阳、月球及恒星与地球之间相对的准确位置。